Ibrahim Hassan
Mohamed Soliman
Abdel-Shafy Ragab

Melhoramento genético do arroz para resistência a doenças usando raios gama

Ibrahim Hassan
Mohamed Soliman
Abdel-Shafy Ragab

Melhoramento genético do arroz para resistência a doenças usando raios gama

Melhoramento genético do arroz contra a explosão e as doenças de Bakanae utilizando a reprodução por mutação e marcadores moleculares

ScienciaScripts

Imprint

Cover image: www.ingimage.com

This book is a translation from the original published under ISBN 978-613-3-99574-1.

Publisher:
Sciencia Scripts
is a trademark of
Dodo Books Indian Ocean Ltd. and OmniScriptum S.R.L publishing group

120 High Road, East Finchley, London, N2 9ED, United Kingdom
Str. Armeneasca 28/1, office 1, Chisinau MD-2012, Republic of Moldova, Europe
Printed at: see last page
ISBN: 978-620-8-08176-8

ÍNDICE

DEDICAÇÃO

Dedico este trabalho ao meu pai, à minha mãe, à minha mulher e aos meus filhos Mohamed e Arwa pela sua paciência, ajuda e encorajamento, bem como às minhas irmãs e aos meus irmãos pelo seu encorajamento e apoio sincero.

RECONHECIMENTO

Agradecimentos ilimitados a ***Deus, o maior e todo-poderoso,*** *pelas suas incontáveis e infinitas graças, que me guiaram para concluir este trabalho.*

Gostaria de expressar o meu profundo agradecimento, gratidão e apreço ao ***Dr. Mohamed Hassanin Soliman,*** *Professor de Genética, Faculdade de Agricultura, Universidade do Cairo, por ter sugerido os problemas, supervisionado, prestado assistência contínua, orientado e encorajado. Isso ajudou-me a concluir o trabalho e a apresentá-lo sob esta forma.*

Gostaria de expressar o meu sincero apreço e profunda gratidão ao ***Dr. Salah El-Din Sayed El-Assal,*** *Professor de Genética da Faculdade de Agricultura da Universidade do Cairo, pela sua orientação, supervisão, encorajamento contínuo e conselhos valiosos durante a preparação e finalização do presente trabalho, e pela revisão do manuscrito.*

Profundos agradecimentos ao ***Dr. Abdel-Shafy Ibrahim Ragab****, Professor de Cultivo de Plantas, Centro de Investigação Nuclear (NRC), Autoridade Egípcia para a Energia Atómica (EAEA), por ter sugerido os problemas, pela orientação enérgica, pelos conselhos e pela ajuda valiosa durante a presente investigação e pelo encorajamento contínuo durante a preparação e finalização deste trabalho.*

Gostaria de expressar os meus mais profundos agradecimentos e o meu sincero reconhecimento ao ***Dr. Rabie A. El-Shafey****, Investigador Sénior do Centro de Investigação e Formação em Arroz, Centro de Investigação Agrícola, por me ter ajudado a concluir a parte de avaliação de doenças deste trabalho e por ter revisto o manuscrito.*

Os meus sinceros agradecimentos são extensivos a todos os membros da equipa do Departamento de Res. Dept. de Res. Vegetal, NRC, EAEA, e aos meus amigos, especialmente ao ***Dr. M. Ayaad, Dr. M. Basyouny, Dr. Khaled Elazab, Sr. M. Ali, Dr. M. Abdelrazak, Dr. Sherif Yousif, Dr. Hussien Elzaher e Sra. Wafaa Adly*** *por me terem ajudado neste trabalho, especialmente nas experiências de campo.*

INTRODUÇÃO

O arroz (*Oryza sativa* L.) é a fonte de alimento básico para metade da população mundial. Depois do trigo, o arroz é a segunda maior fonte de calorias na dieta humana e fornece aproximadamente 20% do total de calorias consumidas em todo o mundo (Babaei *et al.*, 2011). Além disso, é atualmente cultivado em cerca de 163 milhões de hectares em todo o mundo, com uma produção de 741 milhões de toneladas (FAO, 2014). No Egito, o arroz é cultivado anualmente em cerca de 1,4 milhões de feddan com uma produção de 5,46 milhões de toneladas (FAO, 2014).

As doenças do arroz são um dos principais factores limitantes da produção de arroz em todo o mundo. No Egito, as principais doenças do arroz são o míldio, a mancha castanha, a doença da bakanae e o nemátodo da ponta branca. No entanto, as doenças do arroz reduzem o rendimento do arroz em cerca de 5 % em caso de infeção ligeira. Em condições epidémicas, as perdas de rendimento podem atingir 30 a 50 % (Hammoud e Gabr, 2014). A explosão do arroz, causada pelo patógeno fúngico *Magnaporthe grisea*, é uma das doenças mais destrutivas que afectam a produção de arroz em todo o mundo, causando uma perda económica de até 65% do rendimento em cultivares susceptíveis em condições favoráveis (Singh *et al.* 2015). As infecções ocorrem nas folhas, causando o aparecimento de lesões fusiformes com um centro cinzento ou branco, ou nas panículas, que ficam brancas e morrem antes da fase de enchimento dos grãos (Selvaraj *et al.*, 2011). O controlo genético da resistência ao míldio é uma caraterística complexa e envolve genes maiores e menores com efeitos complementares ou aditivos (Wu *et al.*, 2005 e Li *et al.*, 2007).

A Bakanae ou doença das plântulas tolas causada por *Fusarium moniliforme* (Sheld.), *telomorfo: Gibberella fujikuroi* (Sawada) é uma importante doença fúngica do arroz. Normalmente causa uma perda de rendimento de 10~20% e a perda pode ser superior a 70% aquando do surto da doença (Ou, 1985). As plantas infectadas tornam-se amarelas pálidas e apresentam clorose e alongamento anormal, maturação deficiente do grão, como panículas vazias, podridão do caule e do pé. Nas fases avançadas da doença da bakanae, as plantas infectadas caem e morrem porque já não são suficientemente robustas para suportar o seu próprio peso (Hwang *et al.*, 2013).

O melhoramento por mutação envolve o desenvolvimento de novas variedades que se caracterizam pela resistência a doenças, maturidade precoce e melhor produtividade do germoplasma de origem, utilizando mutagénicos químicos e físicos (Shu *et al.*, 2012). Os raios gama, mutagénicos físicos, provaram ser uma ferramenta útil para a introdução de novas caraterísticas que podem resultar na melhoria das culturas, podendo também ser utilizados como uma ferramenta complementar em programas de melhoramento de plantas (Babaei *et al.*, 2010). A utilização de mutações induzidas nas últimas cinco décadas desempenhou um papel importante no melhoramento das culturas em todo o mundo e levou à libertação oficial de 3222 variedades mutantes de 170 espécies vegetais diferentes (Raina *et al.*, 2016).

Os marcadores moleculares são ferramentas poderosas na avaliação da variação genética e na elucidação das relações genéticas dentro e entre espécies (Chakravarthi e Naravaneni, 2006), aumentando a eficácia da seleção em programas de melhoramento. Uma vasta gama de marcadores moleculares, como o ADN polimórfico amplificado aleatório (RAPD), as repetições de sequências simples (SSR) e o polimorfismo de comprimento de fragmentos amplificados (AFLP), tem sido aplicada para estudos de diversidade genética no arroz (Kumar e Bhagwat, 2012). Entre estes marcadores, as repetições de sequências simples (SSR) são úteis para várias aplicações em genética e melhoramento de plantas devido à sua reprodutibilidade, natureza multialélica, herança codominante, abundância relativa e boa cobertura do genoma do arroz (Kumar *et al.*, 2013). Por conseguinte, este estudo foi realizado para melhorar o arroz no que respeita à resistência a doenças como a explosão e a bakanae, bem como ao rendimento e a caraterísticas relacionadas com o rendimento, utilizando raios gama e técnicas moleculares. Os objectivos foram:

1. Estimar os parâmetros genéticos do rendimento e das caraterísticas relacionadas com o rendimento em M_2 e M_3 bulks derivados de três cultivares de arroz irradiados (Giza 177, Sakha 101 e Sakha 104) com diferentes doses de raios gama.

2. Avaliar os genótipos selecionados que possuem caraterísticas úteis (*por exemplo,* alto rendimento, maturidade precoce) quanto à resistência ao míldio e às doenças da bakanae em condições de infeção natural e artificial.

3. Caracterizar os mutantes selecionados a nível molecular utilizando a técnica SSR.

REVISÃO DA LITERATURA

1. Indução de mutação *por* irradiação gama em arroz

As técnicas de indução de mutação podem ser utilizadas para o melhoramento das culturas através do aumento da diversidade genética, o que permite aos criadores de plantas selecionar de acordo com os objectivos de melhoramento desejados (Abdul Haris *et al.*, 2013). O melhoramento por mutação envolve o desenvolvimento de novas variedades que se caracterizam pela resistência a doenças, maturidade precoce e melhor produtividade, utilizando mutagénicos químicos e físicos (Shu *et al.*, 2012). Os raios gama têm sido eficazes e são mais frequentemente utilizados na indução de mutações do que outras radiações ionizantes devido à sua disponibilidade e poder de penetração relativamente elevado (Moussa, 2011). Além disso, foi empregue para desenvolver 64% das variedades mutantes induzidas por radiação, seguido dos raios X (22%) (Ahloowalia *et al.*, 2004).

Baloch *et al.* (2006) irradiaram a variedade de arroz IR6A (não aromático) com diferentes doses de raios gama (150, 200, 250 e 300 Gy). O mutante de elevado rendimento IR6-25A desenvolveu-se a partir de raios gama (150 Gy). Tem dado consistentemente melhor rendimento de arroz em comparação com o seu progenitor, o controlo e outros mutantes promissores. Com base na média de três anos, deu 20% e 23% mais rendimento de arroz do que o IR6 e a variedade de controlo Shadab, respetivamente.

Uddin *et al.* (2007) identificaram quatro linhas mutantes de arroz tolerantes ao sal através do rastreio de 400 famílias M2 derivadas da cultivar japonica 'Drew' após irradiação com uma dose de 200 Gy de raios gama da fonte^{137} Cs. As linhas mutantes selecionadas apresentaram um número significativamente mais elevado de grãos cheios, menor esterilidade de grãos e maior rendimento de grãos em comparação com o seu progenitor 'Drew' quando cultivado sob stress de NaCl de $10 dSm^{-1}$ condutividade eléctrica (CE).

Fu *et al.* (2008) trataram três variedades de arroz com quatro doses de raios gama^{60} Co (100, 200, 300 e 400 Gy). Os resultados mostraram que os tratamentos com raios gama tiveram um efeito significativo no crescimento das plantas de arroz M_1 , mostrando uma redução acentuada da fertilidade, da fixação das sementes e da altura das plantas em doses superiores a 200 Gy.

Rashid *et al.* (2009) expuseram cultivares de arroz; Basmati-370 e Basmati-Pak, a diferentes doses de raios gama (150, 200, 250 e 300 Gy). Os mutantes estáveis obtidos, juntamente com os progenitores, foram estudados quanto à diversidade genómica com base em marcadores moleculares (AFLP). Os dados morfológicos mostraram que os mutantes de Basmati-370 tiveram um bom desempenho em termos de rendimento, componentes do rendimento e parâmetros físicos do grão. O mutante EF-1-20-52-04 produziu um rendimento de arroz 38,4% superior ao do progenitor (Basmati-370). Além disso, os mutantes anões desenvolvidos a partir do Basmati-370 de 300 Gy apresentaram uma redução significativa da altura das plantas (28,91%) em comparação com o progenitor. Por outro lado, o mutante desenvolvido a partir do Basmati-Pak de 300 Gy foi pobre em rendimento devido à baixa % de fertilidade da panícula (74,6%), mas tem um comprimento de grão extra-longo (13,37 mm) em comparação com o progenitor (10,08 mm).

Shehata *et al.* (2009) irradiaram 3 cultivares de arroz egípcio, nomeadamente, Sakha101, Sakha102, Egyptian Jasmine e a linha AC1453 com diferentes doses de raios gama (100, 200, 300, 400 e 500 Gy) da fonte^{60} Co para criar plantas M1 a M6. Quatro linhas mutantes Sakha101-M30, Sakha102-M20, AC-M50 e Egyptian Jasmine-M30 foram selecionadas a partir da geração M_6 e avaliadas durante dois anos para testar o seu desempenho produtivo em solos afectados por sais. As linhas mutantes promissoras produziram um rendimento de arroz em casca mais elevado em solos afectados por sal do que as cultivares comerciais Giza178. Além disso, muitos traços desejáveis, como a maturidade precoce, o não acamamento, os traços de qualidade e a resistência à explosão, comparam-se com o respetivo controlo.

Shereen *et al.* (2009) irradiaram grãos de 3 cultivares de arroz, Shua-92, Sarshar e IR-8, com raios gama (150, 200 e 250 Gy) para determinar a eficácia de diferentes doses de irradiação no comportamento do crescimento e nas respostas fisiológicas (conteúdo de clorofila e concentrações iónicas) das plantas de arroz. As populações irradiadas obtidas da geração M_2 foram avaliadas em diferentes níveis de salinidade (0, 50 e 75 mM NaCl). Em condições não salinas, as doses de radiação de 150 e 200 Gy apresentaram efeitos ligeiramente estimulantes na altura das plantas dos mutantes derivados de Sarshar e Shua-92. A comparação entre diferentes doses de radiação mostrou que 150 Gy foi considerada comparativamente mais eficaz para o aumento da produção de biomassa.

Shehzad *et al.* (2011) trataram 5 variedades de arroz, *nomeadamente* Giza 171, Giza 175,

Giza 176, Giza 181 e GZ1368, com diferentes doses de raios gama (100, 200, 300, 400 e 500Gy) para criar plantas M1 a M8. Os mutantes promissores foram selecionados a partir das doses de 200 e 300 Gy com base na resistência ao acamamento, ao míldio, ao potencial de rendimento elevado, bem como à maturidade precoce. Os resultados dos ensaios de rendimento e as avaliações moleculares indicaram que os mutantes diferiam geneticamente dos seus progenitores. Assim, estes mutantes podem ser utilizados como pais dadores no programa de melhoramento do arroz.

Chongkid (2013) irradiou grãos da variedade de arroz (KDML105) com 200 Gy de raios gama. Quatro linhas foram identificadas na geração M_5 com base na fotoinsensibilidade, baixa estatura, curta idade de colheita, tolerância à seca, bom desempenho de crescimento com alto rendimento de sementes em condições de terras altas. Os resultados mostraram que todas as quatro linhas mutantes tinham alturas de plantas e idades de colheita mais baixas e rendimentos de sementes mais elevados do que a KDML105.

El-Degwy (2013) tratou a cultivar de arroz egípcia Sakha 105 com três doses de radiação gama; 150, 200 e 250 Gy para estudar o efeito das doses de irradiação gama no crescimento, rendimento e caraterísticas relacionadas com o rendimento. O efeito dos raios gama foi observado na geração M_1 e M_2 para todas as caraterísticas estudadas, exceto o comprimento da panícula e o peso de 1000 grãos. Em M_1 , a dose de 150 Gy registou o valor médio mais elevado para a data de colheita, altura da planta e número de panículas por planta, sugerindo efeitos estimulantes das doses baixas de raios gama. A dose de 200 Gy registou o valor mais elevado de percentagem de fertilidade, número de ramos por panícula e número de panículas por planta. Na geração M_2 , a dose de 250 Gy produziu o maior número de panículas por planta e número de espiguetas por panícula. Além disso, produziu os valores médios mais baixos para o rendimento de grãos, número de grãos cheios por panícula, data de colheita e altura da planta em ambas as gerações.

Alfi *et al.* (2015) expuseram grãos de arroz local da variedade Junjung com diferentes doses de raios gama (100, 200, 300, 400, 500, 600 e 700 Gy). Os resultados mostraram que a dose de 200 Gy é eficaz na geração de diversidade genética. Na geração M2, a frequência de mutação do mutante de maturação precoce e dos mutantes semi-anões foi de 0,14 e 0,16%, respetivamente. Por conseguinte, as mutações induzidas foram mais eficazes para gerar uma elevada diversidade genética na altura das plantas e nos dias até à floração. Paradoxalmente, a indução de mutações foi menos eficaz na geração de diversidade genética para os caracteres comprimento da panícula e número de perfilhos produtivos.

Naeem *et al.* (2015) estudaram a variabilidade genética devido à mutação induzida usando diferentes doses de raios gama (100, 150 e 200 Gy) em várias caraterísticas de doze genótipos de arroz. A radiação gama exerceu efeitos não significativos sobre o comprimento da panícula de todos os genótipos, indicando a uniformidade de desempenho desse caráter em diferentes níveis de radiação. A dose de 200 Gy apresentou valores mínimos para a altura da planta, grãos por panícula principal, comprimento da panícula, peso de 1000 grãos, peso de grãos por panícula principal e percentagem de fertilidade. A herdabilidade no sentido amplo variou de 72,0 a 97,7%, indicando a possibilidade de seleção em gerações anteriores.

2. Resistência do arroz ao míldio (*Magnaporthe grisea*)

O míldio do arroz, causado pelo fungo *Magnaporthe grisea*, é uma das doenças das plantas mais difundidas e destrutivas em todo o mundo. Os genes de resistência a doenças (R) que medeiam a resistência "gene por gene" conferem ao arroz uma resistência específica à explosão. No entanto, a incorporação de genes R em variedades de arroz não conseguiu obter uma resistência duradoura à explosão, porque as pressões de seleção adaptativas actuam a favor de variantes de fungos que escapam ao reconhecimento do hospedeiro (Bonman, 1992). Isto resulta na quebra da resistência após alguns anos no campo. Por outro lado, a resistência de campo, que muitas vezes consiste em efeitos cumulativos de múltiplos loci de caraterísticas quantitativas, é caracterizada pela sua durabilidade e amplo espetro de raças de fungos patogénicos (Hayashi *et al.*, 2010).

Bonman (1992) verificou que o agente patogénico, *Magnaporthe grisea*, pode infetar quase todas as partes do rebento e encontra-se normalmente na lâmina foliar e no nó do colo da panícula. A resistência duradoura está associada a uma resistência parcial poligénica que não mostra evidência de especificidade racial. A resistência parcial à explosão foliar está positivamente correlacionada com a resistência parcial à explosão da panícula, embora tenham sido encontradas algumas cultivares que apresentam suscetibilidade à explosão foliar e resistência à explosão da panícula. Um conjunto diversificado de factores ambientais pode influenciar a expressão da resistência parcial, incluindo a temperatura, a duração do molhamento foliar, a fertilização com azoto, o tipo de solo e o défice hídrico. Devido à grande diversidade de ambientes de cultivo de arroz, a resistência que se revela duradoura num sistema pode ou não ser útil noutro.

Yin *et al.* (2000) investigaram a relação entre a morte celular espontânea e a resistência à doença da explosão em nove mutantes de arroz com uma gama de fenótipos que imitam lesões. Todos os mutantes são controlados por genes recessivos e alguns destes mutantes têm um crescimento atrofiado e outras caraterísticas anormais. A ativação de seis genes relacionados com a defesa foi observada na maioria dos mutantes quando as lesões mímicas se desenvolveram nas folhas destes mutantes. Quatro mutantes apresentaram um aumento significativo da resistência à explosão do arroz. Um dos mutantes, *spl11,* confere uma resistência não específica da raça não só à explosão mas também à praga bacteriana. O nível de resistência do mutante *spl11* aos dois agentes patogénicos está correlacionado com a expressão de genes relacionados com a defesa e com o desenvolvimento de lesões nas folhas. Os resultados sugerem que alguns genes que imitam lesões em mutantes de arroz podem estar envolvidos na resistência a doenças, e a clonagem destes genes pode fornecer uma pista para desenvolver uma resistência de largo espetro a diversos agentes patogénicos.

Ono *et al.* (2001) descobriram que a produção de intermediários reactivos de oxigénio (ROI) e uma forma de morte celular programada denominada resposta hipersensível (HR) estão frequentemente associadas à resistência das plantas às doenças. A ativação constitutiva de OsRac1, um regulador da produção de ROI e da morte celular no arroz, provoca respostas do tipo HR e reduz grandemente as lesões de doença contra uma raça virulenta das doenças do míldio bacteriano e do míldio do arroz; provoca uma maior produção de uma fitoalexina e altera a expressão de genes relacionados com a defesa; e está envolvida na sinalização de elicitores. Por conseguinte, estes resultados sugerem que a Rac GTPase desempenha um papel na via comum de resistência às doenças do arroz.

Zhang *et al.* (2003) avaliaram a resistência do mutante de arroz R917 à explosão em vários anos e locais. Foi resistente a 136 de 138 estirpes de *Magnaporthe grisea* do que os seus progenitores Chengte 232 e Xiushui 37. O mutante R917 foi cruzado com a cultivar suscetível, Nonghu 6, e com os seus dois progenitores para analisar a herança da sua resistência ao míldio. Ele tinha um único gene dominante de resistência às raças chinesas ZB13, ZC15 e ZE3, não-alélico aos de Chengte 232 e Xiushui 37; e tem um espetro de resistência mais amplo do que Chengte 232. Assim, o R917 pode ser utilizado como dador no melhoramento do arroz para a doença da explosão.

Li *et al.* (2008a) caracterizaram análises dinâmicas da resistência à explosão do arroz para a avaliação dos efeitos genéticos e ambientais numa população de linhas puras recombinantes (RIL) em três fases diferentes do desenvolvimento do arroz (plântula, perfilhamento e cabeça) utilizando testes de infeção natural em dois anos. Dois QTL principais (*r11a* e *r11b*) no cromossoma 11 puderam ser detectados em todas as fases. Sugeriu-se que as actividades instáveis da maioria dos QTL identificados para a resistência à explosão podem dever-se a efeitos dos QTL principais, a efeitos epistáticos entre diferentes loci, ao estado de desenvolvimento do arroz e aos ambientes em que foram cultivados.

Utami *et al.* (2008) analisaram a resistência à explosão em arroz utilizando duas abordagens diferentes. A primeira, o mapeamento de QTLs de explosão, foi feita usando uma população interespecífica originada do retrocruzamento entre o arroz selvagem *Oryza rufipogon* e o arroz cultivado IR64. O segundo, a comparação do espetro de resistência e o controlo genético, baseou-se em reacções fenotípicas. Os resultados do mapeamento de QTLs de explosão mostraram que dois genes de resistência foram mapeados no cromossoma 2. O gene *Pirf2-1(t)* em *O. rufipogon*, que contribuiu para um modo dominante de resistência à explosão do arroz, foi afetado por uma epistasia duplicada. O gene *Pir2-3(t)* em IR64, que contribuiu para um modo aditivo de resistência, foi afetado por uma epistasia complementar. Com base no espetro de resistência, *O. rufipogon* tem uma resistência não específica às raças *de M. grisea.*

Madamba *et al.* (2009) isolaram o mutante G978 que mostrou uma maior resistência ao míldio e ao míldio bacteriano. A resistência é quantitativa e não específica da raça contra os agentes patogénicos bacterianos e fúngicos. A mutação *Bsdr1* é herdada como um único gene recessivo, no entanto, não apresenta fenótipo de mímica de lesão nas condições testadas. O mutante fornece uma ferramenta útil para investigar os genes importantes responsáveis pela resistência não específica de raça a duas doenças distintas.

Hammoud *et al.* (2011) avaliaram 12 linhas selecionadas de 3 cruzamentos; (Giza 177× HR 5824-B-3-2-3), (Sakha 101 × HR 5824-B-3-2-3), (GZ 5310-20-3-3 × Sakha101) para alguns traços agronómicos e reação à explosão sob teste de viveiro de explosão e inoculação artificial com diferentes raças em estufa. Os resultados revelaram que as linhas mais promissoras foram a PL-44, a SP-6-70 e a BY-6-20, que apresentaram um rendimento elevado e resistência ao míldio. Relativamente à resistência à explosão em diferentes locais e à inoculação artificial em estufa, Giza 177 e GZ 5310-203-3 foram altamente resistentes, mas Sakha 101 e HR 5824-B-3-2-3 foram susceptíveis à explosão do arroz nas fases de plântula e adulta. Além disso, a linha PL-4-4 foi altamente resistente à brusone em condições de campo e à inoculação artificial com raças específicas, tanto na fase de plântula como na fase adulta.

Hammoud e Gabr (2014) avaliaram sete cultivares locais, juntamente com 13 linhas selecionadas em F5, contra as principais doenças que infestam o arroz no Egito, tais como o míldio, a mancha castanha, a bakanae e o nemátodo da ponta branca, em condições de estufa e de campo. Os resultados indicaram que 14 genótipos eram resistentes a todas as raças de explosão do arroz. Por outro lado, os genótipos GG-24- 1-2 e GG-42-2-6 eram susceptíveis a uma das raças, enquanto o GG-24-1-2 se mostrou moderadamente resistente às duas raças. Os controlos susceptíveis (Sakha 101 e Sakha 104) foram altamente susceptíveis em condições de estufa e de campo.

Li *et al.* (2016) relataram uma análise transcriptómica comparativa da variedade de arroz resistente Digu e da variedade de arroz suscetível Lijiangxintuanheigu (LTH) em resposta à infeção pelo fungo da explosão (*M. grisea*). Os resultados revelaram que muitos processos biológicos, incluindo o reconhecimento extracelular e a biossíntese de antioxidantes, terpenos e hormonas, foram especificamente activados na variedade Digu pouco depois da infeção. Quarenta e oito genes que codificam cinases de receptores (RKs) foram significativamente regulados de forma diferente pela infeção por *M. grisea* na variedade Digu. Um desses genes, LOC_Os08g10300, que codifica um recetor quinase com repetição rica em leucina, conferiu maior resistência ao *M. grisea* quando superexpresso no arroz.

3. Resistência à doença da bakanae (*Fusarium moniliforme*) no arroz

Ma *et al.* (2008) inocularam 32 genótipos de arroz portadores de diferentes genes de nanismo ou semi-anismo com o fungo *Fusarium moniliforme* ou tratados com 50 mg l^{-1} GA3 para selecionar genótipos resistentes à doença da bakanae do arroz. Foi encontrada uma correlação significativa entre o comprimento das plântulas tratadas com GA_3 e os danos causados pelo fungo bakanae. Os genótipos de arroz portadores de genes de nanismo, como o *sd1*, não só eram sensíveis ao GA3 como também susceptíveis à doença da bakanae do arroz. Por outro lado, todos os genótipos portadores dos genes *d29, sd6 ou sdq(t)* mostraram resistência à bakanae.

El-Refaee *et al.* (2011) avaliaram a variabilidade genética e o parentesco entre 22 cultivares de arroz egípcio e novas linhas promissoras com base em caraterísticas agronómicas importantes e algumas doenças comuns, tais como a explosão, a bakanae, a mancha castanha, o smut do grão e as doenças do falso smut, utilizando 12 marcadores SSR. Os resultados da doença de bakanae sob infeção natural revelaram que Sakha 101 e Giza 177 eram altamente susceptíveis e mostraram um elevado nível de infeção no viveiro. Além disso, o GZ 6522 era suscetível. Os restantes genótipos eram resistentes.

Iqbal *et al.* (2011) analisaram o germoplasma de arroz constituído por três cultivares grosseiras IR-6, KS-133 e KS-282, e seis cultivares finas Bas-198, Bas-2000, Bas-Kernel, Bas-Super, Bas-370 e Bas-385 para a fonte de resistência contra a doença de bakanae. De acordo com a escala de classificação da doença, duas variedades (IR-6 e KSK-133) foram resistentes, três variedades (Bas-Kernel, Bas-198 e Bas-370) foram consideradas moderadamente resistentes e duas variedades (Bas-385 e Bas-Super) foram susceptíveis.

Hammoud e Gabr (2014) avaliaram sete variedades locais, juntamente com 13 linhas selecionadas em F_5 , contra as principais doenças que infestam o arroz no Egito, tais como o míldio, a mancha castanha, a bakanae e o nemátodo da ponta branca, em condições de estufa e de campo. Os resultados da doença de bakanae mostraram que Sakha 101, como cultivar suscetível, apresentou os valores mais elevados de percentagem e severidade de infeção de 76,08 e 18,66 %, respetivamente, seguida de GZ 7769 e Sakha 104 (65,74, 15,33 % e 47,57, 13,15 %, respetivamente). Por outro lado, todas as entradas deram a infeção mais baixa da doença do arroz bakanae sob infeção natural. O Vitavax, como fungicida recomendado para controlar a doença da bakanae do arroz, e o tratamento com cloreto de sódio foram os mais eficazes no controlo da doença da bakanae em condições naturais e inoculadas.

Hur *et al.* (2015) desenvolveram 168 linhas de arroz quase isogénicas (NILs, BC6F4) para localizar um QTL para resistência contra a doença de bakanae. Os resultados mostraram que 24 marcadores que representam o alelo Shingwang (progenitor altamente resistente da BC F_{64} NILs) numa NIL resistente à doença da bakanae, YR24982-9-1, estavam localizados nos cromossomas 1, 2, 7, 8, 10, 11 e 12. A análise de marcador único usando um marcador SSR, RM9, mostrou que um QTL principal está localizado no cromossoma 1. O QTL principal que designou *qBK1* foi mapeado numa região de 520 kb entre RM8144 e RM 11295. A identificação do *qBK1* e do marcador SSR estreitamente ligado, RM9, pode ser útil para melhorar a resistência do arroz à doença da bakanae no melhoramento assistido por marcadores.

Fiyaz *et al.* (2016) mediram a reação à doença de 168 linhas puras recombinantes (RILs) da população F_{14} nas plântulas inoculadas com cultura *de Fusarium fujikuroi* utilizando um protocolo de rastreio de alto rendimento em condições de estufa. Utilizando o mapeamento de intervalo composto inclusivo, foram identificados três QTLs que regem a resistência à bakanae, nomeadamente *qBK1.1, qBK1.2* e *qBK1.3*. O QTL maior *qBK1.2* foi mapeado entre RM5336 e RM10153, o que pode ajudar na introgressão assistida por marcadores deste QTL para o desenvolvimento de variedades de arroz com resistência embutida à doença da bakanae. Além disso, dois QTLs menores *qBK1.1* e *qBK1.3* podem ser usados para aumentar a resistência no desenvolvimento de novas cultivares com maior resistência a esta importante doença.

Naeem *et al.* (2016) afirmaram que o fungo responsável pela doença da bakanae aumenta a produção de metabolitos secundários e de ácido giberílico (GA) que, por sua vez, causam os sintomas. Portanto, sugere-se que a introdução de genes que inibem a produção de GA pode ser uma forma de controlar esta doença em vez de introduzir muitos genes para diferentes raças do patógeno, ou usar os fungicidas que são prejudiciais para a saúde e até mesmo para microorganismos benéficos. Alguns QTLs (qBK1, qB1 e qB2) foram identificados em variedades de arroz fino para a resistência a esta doença.

4. Marcadores moleculares e doenças do arroz

Os marcadores moleculares são agora amplamente utilizados para rastrear loci e regiões do genoma em programas de melhoramento de culturas, uma vez que um grande número de marcadores moleculares que estão fortemente ligados a caraterísticas de resistência a doenças estão disponíveis na maioria das principais espécies de culturas (Miah *et al.*, 2013b). Entre os marcadores baseados em PCR (AFLP, RAPD, SCAR, SSR, etc.), os microssatélites têm atraído a atenção, porque são marcadores genéticos altamente polimórficos, abundantes e bem distribuídos pelo genoma do arroz e estão facilmente disponíveis através do mapa de ligação publicado ou em bases de dados públicas (Pinheiro *et al.*, 2012).

El-Refaee *et al.* (2011) avaliaram a variabilidade genética e o parentesco entre 22 cultivares de arroz egípcio e novas linhas promissoras com base em caraterísticas agronómicas importantes e algumas doenças comuns, como a explosão, a mancha castanha, a bakanae e as doenças de falso smut, utilizando 12 marcadores de repetição de sequência simples (SSR). Os

12 marcadores de microssatélites utilizados neste estudo produziram um total de 73 alelos. O número de alelos por marcador variou de 3 (RM282) a 9 (RM488), com uma média de 6,08. Para a avaliação da doença da explosão, as cultivares antigas de arroz, como Giza 159, Giza 176, Giza 171 e Giza 172, foram altamente susceptíveis. Por outro lado, a resistência de Sakha 101 e Sakha 104 à explosão foi quebrada em 2004 com o aparecimento das raças virulentas específicas e tornou-se suscetível. As cultivares Giza 177, Sakha 102 e Sakha 103 ainda são resistentes à maioria dos stresses bióticos e tornaram-se boas fontes de resistência a stresses bióticos.

Pinheiro *et al.* (2012) determinaram o número de alelos envolvidos na expressão da resistência à mancha foliar na cultivar de arroz Cica-8 que apresentou reação diferencial a vários patótipos de *Magnaporthe oryzae*, e identificaram os marcadores microssatélites ligados a esses alelos usando 11 marcadores SSR. Os testes em estufa para a reação à explosão foliar mostraram que a resistência é controlada por um gene dominante monogénico. Dos 11 marcadores de microssatélites testados, verificou-se que um marcador RM 7102 estava intimamente ligado ao alelo resistente a uma distância de 2,7 cM, na cultivar Cica-8 para o patotipo IB-1.

RoyChowdhury *et al.* (2012) caracterizaram o gene *Pi-z* em 111 acessos de germoplasma de arroz utilizando marcadores de ADN e ensaios de patogenicidade. A existência de *Pi-z* no germoplasma de arroz foi detectada utilizando quatro marcadores de repetição de sequência simples (SSR) (RM527, AP4791, AP5659-1, AP5659-5) estreitamente ligados a Pi-z, e foi verificada utilizando ensaios de patogenicidade com uma estirpe avirulenta (IE1k) e duas raças virulentas (IB33 e IB49). Entre 111 acessos de germoplasma avaliados, verificou-se que 73 continham o gene *Pi-z*, utilizando marcadores SSR e ensaios de patogenicidade. Os restantes 38 acessos de germoplasma foram considerados inconsistentes nas suas respostas às raças IB33, IEIk e IB49 com os alelos de marcadores SSR esperados, sugerindo a presença de alelos SSR inesperados e genes R adicionais. Este germoplasma caracterizado pode ser utilizado para estudos genéticos e melhoramento assistido por marcadores para melhorar a resistência à explosão no arroz.

Song *et al.* (2014) identificaram a presença do principal gene de resistência à explosão (R) em 279 variedades terrestres coreanas. Os resultados revelaram que a sua distribuição de frequência foi *Pik-m* (36,2%), *Piz* (25,4%), *Pit* (13,6%) e *Pik* (10%). Além disso, a distribuição de frequência dos genes *Piz-t, Pii, Pik-m/Pik-p, Pi-39(t), Pib, Pi-d(t)2, Pita/Pita-2* e *Pi-ta* foi identificada como inferior a 10%. Os resultados não foram consistentes com as reacções contra as doenças de explosão entre genótipos e parte fenotípica dos testes de viveiro e inoculação de isolados.

Liang *et al.* (2017) determinaram 11 genes principais de resistência à explosão do arroz usando 11 marcadores moleculares, numa coleção de 32 acessos resistentes a *Magnaporthe oryzae*. Dos 32 acessos, as frequências dos genes *Pi-b* e *Piz-t* foram de 96,9% e 87,5%. Por outro lado, as frequências dos genes *Pik-h* e *Pik-p* foram de 43,8% e 28,1%, respetivamente. O marcador molecular de ligação a *Pi-ta2* produziu bandas positivas em onze acessos. A análise da avaliação em campo natural mostrou que 30 dos 32 acessos eram resistentes, um era moderadamente resistente e um era suscetível. Os tipos de infeção foram negativamente correlacionados com as pontuações genotípicas de *Pi-9, Pi5, Pi-b< Pi-ta2* e *Pik-p,* embora os coeficientes de correlação fossem muito pequenos.

MATERIAIS E MÉTODOS

Este estudo foi realizado na Unidade de Biotecnologia, Departamento de Investigação Vegetal, Centro de Investigação Nuclear (NRC), Autoridade Egípcia para a Energia Atómica (EAEA), Inshas, Egito, durante 2012-2015. As experiências de campo e a avaliação da resistência a doenças foram realizadas no Centro de Investigação e Formação em Arroz (RRTC), Centro de Investigação Agrícola (ARC), Gemmiza, Egito.

1. Materiais vegetais

Grãos de três cultivares locais de arroz (*Oryza sativa*, L.); Giza177, Sakha101, Sakha104 foram obtidos do Rice Research and Training Center, ARC, Egito, e foram utilizados neste estudo.

2. Tratamento por irradiação gama

Grãos de três cultivares locais de arroz; Giza177 (Gz177), Sakha101 (Sk101), Sakha104 (Sk104) foram expostos a diferentes doses de raios gama (150, 200, 250 e 300 Gray) da fonte^{60} Co a uma taxa de dose de 1,48 kGy/h no NRC, Inshas, Egito.

3. Experiência de campo

a. M$_1$ geração

Os grãos secos de três cultivares locais de arroz, Giza177, Sakha101 e Sakha104, foram irradiados com diferentes doses de raios gama (150, 200, 250 e 300 Gy). Os grãos irradiados e não irradiados (controlo) de cada cultivar foram semeados imediatamente após a irradiação, a 20th de maio de 2012, para obter plantas M1 no campo experimental do Departamento de Investigação Vegetal, NRC, Inshas, Egito. Utilizou-se um esquema de parcelas divididas (SPD) com três repetições, em que as cultivares de arroz foram distribuídas como parcela principal e as doses de raios gama foram dispostas como subparcelas. Aquando da colheita, as panículas principais das plantas M1 de cada tratamento foram retiradas e agrupadas. Os grãos de cada dose foram utilizados para obter a geração M2.

b. Geração M2

Os grãos derivados de plantas M$_1$ para cada tratamento foram semeados em 20th de maio de 2013 para obter plantas M2 no campo experimental do Departamento de Investigação de Plantas, NRC, Inshas, Egito. Foi utilizado o SPD com três repetições. Na colheita, dez plantas individuais foram retiradas ao acaso de cada réplica para cada tratamento para registar as seguintes caraterísticas:

1. Altura da planta (cm)
2. Comprimento da panícula (cm)
3. Número de perfilhos por planta
4. Número de grãos cheios por panícula
5. Peso de 100 grãos (g)
6. Rendimento de grãos por planta (g)

A seleção visual foi realizada dentro e entre populações de todos os tratamentos. Trinta genótipos foram selecionados com base em caraterísticas de maturação precoce, alto perfilhamento e alto rendimento.

c. Geração M3

Grãos derivados de plantas M_2 para cada tratamento e 30 genótipos selecionados foram semeados em 8th maio de 2014 para obter plantas M3, e avaliados quanto à resistência à explosão e às doenças bakanae no campo experimental da ARC, Gemmiza, Egito. Foi utilizado o SPD com três repetições. Na colheita, dez plantas individuais foram retiradas ao acaso de cada repetição para cada tratamento e genótipo para medir e analisar estatisticamente as caraterísticas estudadas. Vinte e nove genótipos foram selecionados com base na resistência a doenças, caraterísticas relacionadas com o rendimento e caraterísticas morfológicas distintas (por exemplo, estatura semi-anã, panícula condensada e grãos longos e largos).

d. M_4 geração

Os grãos derivados de 29 genótipos selecionados foram semeados em 10th de maio de 2015 para obter plantas M4, e avaliados quanto à resistência à explosão e às doenças bakanae no campo e em estufa. Finalmente, 11 mutantes (4 mutantes da Sk101; 7 mutantes da cultivar Sk104) foram selecionados para análise SSR com base na resistência a doenças, caraterísticas relacionadas com o rendimento e caraterísticas morfológicas distintas.

4. Análise estatística

A análise de variância para as caraterísticas agronómicas e de rendimento das gerações M2 e

M3 foram analisadas estatisticamente de acordo com Gomez e Gomez (1984) utilizando o software estatístico MSTAT-C. As diferenças médias entre os tratamentos foram comparadas pelo teste de Duncan (DMRT).

As variâncias genotípicas e fenotípicas foram estimadas de acordo com a fórmula dada por Johnson *et al.* (1955).

$$\sigma^2 g = \frac{MSg - MSe}{r}$$

Em que, σ^2 g: Variância genotípica; **MSg**: Quadrado médio dos genótipos;

MSe: Quadrado médio do erro; **r**: Número de replicações

$$\sigma^2 p = \sigma^2 g + \sigma e^2$$

Onde, σ^2 p: Variância fenotípica; σ^2 g: Variância genotípica;

$$\sigma^2 e\text{: Environmental variance} = \frac{MSe}{r}$$

O coeficiente de variação genotípica (GCV) e o coeficiente de variação fenotípica (PCV) foram estimados de acordo com Burton (1952).

$$GCV = \frac{\sqrt{\sigma 2g}}{X} \text{ X } 100$$

$$PCV = \frac{\sqrt{\sigma 2p}}{X} \text{ X } 100$$

Onde, σ^2 g: Variância genotípica; σ^2 p: Variância fenotípica;

X: Média geral da caraterística.

A hereditariedade em sentido lato (**h^2** b) e o avanço genético da seleção (**GA**) foram calculados pelo método sugerido por Singh e Chaudhary (1985) e Johnson *et al.* (1955).

$$h^2 b = \frac{\sigma 2g}{\sigma 2p} \text{ X } 100$$

$$GA = h^2 b \,.\, K \,.\, \sigma p$$

$$GA \text{ (as \% of the mean)} = \frac{GA}{X} \text{ X } 100$$

Onde, **h^2** b: Herdabilidade; **K**: Diferencial de seleção, o valor é 2,06 a 5% de intensidade de seleção; **σp**: Desvio padrão fenotípico; **x**: Média geral do traço.

5. Avaliação da resistência às doenças

Os mutantes selecionados de arroz, obtidos a partir de M2 e M3, e os seus progenitores foram avaliados quanto à sua resistência a duas doenças fúngicas importantes, *ou seja, o* míldio e a bakanae, no RRTC, ARC, Gemmiza, Egito.

a. Avaliação da resistência ao míldio

Os mutantes selecionados foram avaliados quanto à sua resistência ao míldio, causado por *Magnaporthae grisea*. A infeção por explosão foi conduzida em três condições, como se segue:

1. Teste do viveiro de explosão

Onze mutantes selecionados de arroz e os seus progenitores foram avaliados na fase de plântula sob infeção natural em viveiro de blastos em Gemmiza durante 2 anos. As camas de sementes foram preparadas durante a primeira semana de julho em cada estação e fertilizadas com ureia (46,5%N) a 60 kg/fed. A largura da sementeira era de 1 m e o comprimento de 10 m. Foram semeadas cinco linhas de Giza171, como semeador suscetível, alternadamente entre cinco dos genótipos considerados, com 15 cm de distância. Outros cinco genótipos foram semeados seguidos de uma linha de Giza182 como controlo resistente. Os genótipos foram deixados expostos a uma infeção natural por ferrugem na fase de plântula. As lesões típicas do míldio foram classificadas após 30-45 dias a partir da sementeira, de acordo com o sistema de avaliação padrão (SES), como se mostra no quadro 1, com base numa escala de 0-9, como indicado pelo IRRI (1996), do seguinte modo

1-2 = resistente (R)

3 = moderadamente resistente (MR)

4-6 = suscetível (S)

7-9 = altamente suscetível (HS)

2. Infeção artificial

Onze mutantes selecionados e os seus progenitores foram avaliados quanto à resistência à explosão na fase de plântula sob inoculação artificial na estufa, utilizando 10 raças de explosão do arroz (IB-19, IB-45, IB-54, IB-63, IC-5, IC-15, ID-13, ID-15, IG-1 e IH-1).

Quadro 1. A escala utilizada no sistema de avaliação normalizado para a brusone do arroz.

Escala	Descrição
0	Não foram observadas lesões.
1	Pequenas manchas castanhas de tamanho pontual ou manchas castanhas maiores sem centro esporulado.
2	Pequenas manchas cinzentas necróticas, arredondadas a ligeiramente alongadas, com cerca de 1-2 mm de diâmetro, com uma margem castanha distinta. As lesões encontram-se maioritariamente nas folhas inferiores.
3	O tipo de lesão é o mesmo que na escala 2, mas um número significativo de lesões encontra-se nas folhas superiores.
4	Lesões típicas de blastos susceptíveis de 3 mm ou mais, infectando menos de 4% da área foliar.
5	Lesões típicas de explosão que infectam 4-10% da área foliar.
6	Lesões típicas de explosão que infectam 11-25% da área foliar.
7	Lesões típicas de explosão que infectam 26-50% da área foliar.
8	Lesões típicas de explosão que infectam 51-75% da área foliar e muitas folhas estão mortas.
9	Mais de 75% da superfície foliar afetada.

Os grãos dos genótipos de arroz foram semeados em tabuleiros de plástico (45 x 25 x 15 cm.), cada tabuleiro com 30 linhas representando 30 genótipos em três repetições. Os tabuleiros foram mantidos na estufa a 25-30°C e fertilizados com ureia 46,5% N (5 g/tabuleiro). As plântulas, cerca de 3-4 semanas após a sementeira, foram inoculadas no estádio de 3-4 folhas com 100 ml de uma suspensão de esporos ($5x10^4$ esporos/ml e 0,25% de gelatina) utilizando um pulverizador elétrico. A gelatina foi adicionada à suspensão de esporos para aumentar a adesão dos esporos nas superfícies das folhas (Bastiaans, 1993). As plântulas inoculadas foram mantidas numa câmara húmida com pelo menos 90% de humidade relativa a 25-28° C durante 24 horas, depois as plântulas foram transferidas para a estufa. A reação à explosão foi registada após 7 dias da inoculação, de acordo com o sistema de avaliação padrão, utilizando uma escala de 0-9 (IRRI, 1996).

3. Campo permanente

Todos os genótipos foram testados quanto à reação à explosão foliar na fase adulta em condições naturais na localidade de Gemmiza durante 2 anos.

b. Avaliação da resistência à doença da bakanae

Os mutantes selecionados e os seus progenitores foram artificialmente inoculados com isolados agressivos (10 e 22) de bakanae (*Fusarium moniliforme* (Sheld.), telomorfo: *Gibberella fujikuroi* Sawada) na fase de plântula. Cem grãos de cada genótipo de arroz foram embebidos durante 24 horas em suspensão de esporos. A concentração da suspensão de inóculo foi ajustada utilizando um hemocitómetro para 1×10^6 esporos/ml com água esterilizada. Os grãos inoculados foram incubados durante 48 horas a 28° C±2 para aumentar a germinação e a infeção. O controlo não tratado de cada genótipo foi semeado a partir de sementes saudáveis. Após a incubação, todos os genótipos de arroz foram semeados em vasos de 15 cm de diâmetro, com três repetições, em condições de estufa a 30-35° C. As plântulas infectadas com sintomas típicos de bakanae foram registadas duas semanas após a sementeira.

6. Análise genética molecular

A análise de marcadores de repetição de sequência simples (SSR) foi utilizada para determinar a diversidade alélica e a relação genética entre 11 genótipos de arroz selecionados das gerações M_3 e M_4 e os seus progenitores a nível molecular.

a. Extração de ADN

Foram utilizadas as seguintes soluções para a extração de ADN.

Tampão CTAB a 2% (100 ml)

CTAB (Brometo de cetiltrimetilamónio) 2 g

1% PVP (Polivinilpirrolidona) 1 g

NaCl 1,4M8 ,18 g

EDTA 0,2M PH8 , 04 ml

0,5M TrisHClPH8 , 020 ml

dH2O até 100 ml

Tampão CTAB a 5% (50 ml)

CTAB2 ,5 g

NaCl 0,7M2 ,045 g

dH2O até 50 ml

EDTA 0,2M PH 8,0 (50ml)

EDTA (ácido etilenodiamino tetra-acético) 3,72 g

NaOH (pastilhas) para ajustar o PH

dH2O até 50 ml

3M Acetato de sódio (100ml)

Acetato de sódio24 ,61 g

dH2O até 100 ml

Clorofórmio :Álcool isoamílico 24: 1 v/v

Etanol 100%

O ADN foi extraído utilizando o método CTAB modificado, de acordo com Dellaporta *et al.* (1983), como se segue:

1) Um grama de folhas jovens de cada genótipo de arroz foi colhido das plântulas e rapidamente congelado em azoto líquido e triturado em pó fino utilizando um almofariz e um pilão.

2. as amostras em pó foram transferidas para tubos eppendorf (2 ml) e, em seguida, foram adicionados 500 µl de tampão CTAB a 2% pré-aquecido (65°C) e misturados vigorosamente com vórtex.

3. as amostras foram incubadas em banho-maria durante 60 minutos, com agitação suave de 5 em 5 minutos. Adicionou-se um volume (500 µl) de clorofórmio: solução de álcool isoamílico (24:1) aos tubos eppendorf, misturou-se suavemente e centrifugou-se a 14000 rpm durante 10 min.

4. o sobrenadante foi transferido para um novo tubo eppendorf (2 ml), depois um volume (500 µl) de solução de clorofórmio: álcool isoamílico (24:1) e um quinto volume de tampão CTAB a 5% (100 µl) foram adicionados aos tubos e misturados suavemente, depois os tubos foram centrifugados a 14000 rpm durante 10 min.

5. O sobrenadante foi transferido para outro tubo eppendorf e, em seguida, um décimo de volume (30-40 µl) de solução de acetato de sódio 3M e três volumes de etanol arrefecido foram adicionados aos tubos que foram centrifugados a 14000 rpm durante 5 minutos para precipitar o ADN.

6. O sobrenadante foi eliminado e os pellets de ADN foram deixados a secar à temperatura ambiente durante 1 h, sendo depois ressuspendidos em 50 µl de água estéril.

7. Conservar o ADN a -20°C até à sua utilização.

A qualidade e a concentração do ADN foram avaliadas por eletroforese em gel de agarose a 0,7% contra 5 µl de marcador de tamanho de ADN (escada de 100 pb). Este marcador abrange uma gama de tamanhos de fragmentos de ADN entre 100 pb e 1000 pb, como se mostra na Fig. 1. Assim, a estimativa da concentração de ADN numa determinada amostra foi conseguida comparando o grau de fluorescência da banda de ADN desconhecido com as diferentes bandas do marcador de tamanho de ADN.

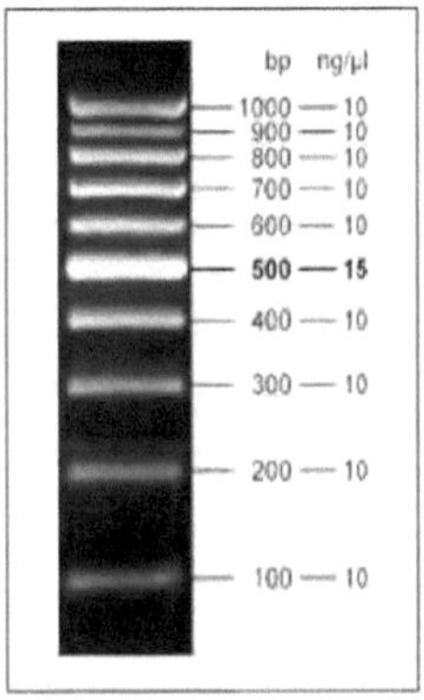

Fig.1. Peso molecular do marcador de ADN (escada de ADN de 100 pb)

b. Análise de repetições de sequências simples (SSR)

Vinte e cinco marcadores; 22 marcadores SSR, 2 InDel (Inserção e Deleção) e 1 SNP (Polimorfismo de Nucleotídeo Único) (Tabela 2) foram usados para amplificação de PCR para 11 mutantes de arroz e seus pais. As reações de PCR foram conduzidas a um volume final de 12,5 µl, contendo 6,25 µl de mistura principal de PCR (KAPA2G Fast ReadyMix PCR Kit), 1 µl de DNA genômico, 1 µl para cada primer e 3,25 µl de dH_2O.

As reacções de PCR foram realizadas num termociclador (TECHNE TC-412) programado do seguinte modo: um ciclo a 95°C durante 5 min; seguido de 35 ciclos a 95°C durante 30 s, 50-68°C durante 30 s e 72°C durante 30 s; e uma extensão final a 72°C durante 5 min, depois mantida a 4°C. Os produtos da PCR foram separados por eletroforese em gel de agarose a 2% a 100 V durante 50 min em tampão TBE 1x, corados com brometo de etídio e visualizados num transiluminador UV.

Tabela 2. Descrição dos marcadores utilizados no estudo.

Marcador	Primário direto	Primário inverso	Chr.
RM 9	GGTGCCATTGTCGTCCTC	ACGGCCCTCATCACCTTC	1
RM 151	GGCTGCTCATCAGCTGCATGCG	TcGGcAGTGGTAGAGTTTGATcTGc	1
RM 1216	TTccccAATGGAAcAGTGAc	AGGGTcTAccAcccGATcTc	1
t256**	GGATAGcAGAAGAAcTTGAGAcTG	cATGTcTTTcAAcATAAGAAGTTcTc	1
RM 208	TcTGcAAGccTTGTcTGATG	TAAGTcGATcATTGTGTGGAcc	2
RM 211	ccGATcTcATcAAccAAcTG	cTTcAcGAGGATcTcAAAGG	2
RM 279	ccTcTcAcTcAcGTGGAcTcc	ccTcAcccTAGGcTTTGATATGc	2
RM 251	GAATGGcAATGGcGcTAG	ATGcGGTTcAAGATTcGATc	3
RM 527	GGcTcGATcTAGAAAATccG	TTGcAcAGGTTGcGATAGAG	6
RM 541	TATAAccGAccTcAGTGccc	ccTTAcTcccATGccATGAG	6
z4794*	cAcGccAcccTTcAATGGGAGAcT	TGAATGTGAGAGGTTGAcTGTGGG	6
RM 30	GGTTAGGcATcGTcAcGG	TcAccTcAccAcAcGAcAcG	6
RM 587	AcGcGAAcAAATTAAcAGcc	cTTTGcTAccAGTAGATccAGc	6
RM 11	TcTccTcTTcccccGATc	ATAGcGGGcGAGGcTTAG	7
RM 44	AcGGGcAATccGAAcAAcc	TcGGGAAAAccTAcccTAcc	8
RM 230	GccAGAccGTGGATGTTc	cAccGcAGTcAcTTTTcAAG	8
RM 144	TGcccTGGcGcAAATTTGATcc	GcTAGAGGAGATcAGATGGTAGTGcATG	11
RM 206	cccATGcGTTTAAcTATTcT	cGTTccATcGATccGTATGG	11
k2167*	cGTGcTGTcGccTGAATcTG	cAcGAAcAAGAGTGTGTcGG	11
RM 224	ATcGATcGATcTTcAcGAGG	TGcTATAAAAGGcATTcGGGG	11
RM 332	GcGAAGGcGAAGGTGAAG	cATGAGTGATcTcAcTcAccc	11
RM 155	GAGATGGcccccTccGTGATGG	TGcccTcAATcGccAcAccTc	12
RM 247	TAGTGccGATcGATGTAAcG	cATATGGTTTTGAcAAAGcG	12
RM 512	cTGccTTTcTTAcccccTTc	AAccccTcGcTGGATTcTAG	12
RM 1337	GCTGAGGAGTATCCTTTCTC	ACCATAGGAAGATCATCACA	12

*: Marcadores InDel; **: Marcador SNP

c. Análise de dados

Na análise SSR, os fragmentos foram pontuados como 1 se presentes e 0 se ausentes. Em seguida, as pontuações foram recolhidas para construir uma matriz de dados única para estimar os loci polimórficos (Nei, 1973) e construir um dendrograma UPGMA (Unweighted Pair Group Method with Arithmetic mean) entre 14 genótipos de arroz utilizando o software estatístico SPSS (versão 17.0). Os valores do índice de similaridade (SI) entre os perfis SSR de quaisquer dois indivíduos no mesmo gel foram calculados a partir de marcadores SSR de acordo com a seguinte fórmula:

Índice de similaridade (SI) = $2N_{ab} / (N_a + N_b)$

Em que N_{ab} é o número total de bandas SSR partilhadas pelos indivíduos "a" e "b", enquanto N_a e N_b são os números de fragmentos marcados para cada indivíduo, respetivamente (Lynch, 1990).

RESULTADOS E DISCUSSÃO

No presente estudo, os grãos de três cultivares de arroz, Giza 177, Sakha 101 e Sakha 104, foram irradiados com diferentes doses de raios gama (150, 200, 250, 300 Gy) e, em seguida, os grãos irradiados e não irradiados (controlo) foram semeados imediatamente para criar plantas de geração M_1 a M_4 . Onze mutantes de arroz foram selecionados a partir das gerações M2 e M3, em função do rendimento elevado e da resistência a doenças, para análise SSR, bem como os seus progenitores. Os principais objectivos deste estudo foram investigar o efeito dos raios gama em cultivares de arroz e obter genótipos resistentes às doenças do blast e da bakanae.

1. Experiências no terreno

a. Análise de variância

A análise de variância para o rendimento e caraterísticas relacionadas com o rendimento de três cultivares de arroz tratadas com raios gama nas gerações M2 e M3 é apresentada nos Quadros (3) e (4), respetivamente.

Tabela 3. Quadrados médios para produtividade e caraterísticas relacionadas à produtividade de três cultivares de arroz tratadas com raios gama na geração M_2 .

S.V	d.f	PH	NTP	PL	GW	NFGP	GYP
Replicações	2	78.73	30.76	1.61	0.07	416.51	231.24
Cultivares (C)	2	843.5**	148.9*	26.4**	0.06*	1325.1**	1085.0**
Erro	4	2.86	14.03	0.11	0.01	26.86	21.95
Radiação (R)	4	35.6**	28.1**	1.21	0.03	165.36	67.18*
C x R	8	43.0**	25.1**	1.6*	0.05*	412.6**	72.14**
Erro	24	7.92	6.07	0.52	0.02	109.4	16.2

*, ** indicam significância a p≤0,05 e p≤0,01, respetivamente; PH: Altura da planta (cm); NTP: Número de perfilhos por planta; PL: Comprimento da panícula (cm); GW: Peso de 100 grãos (g); NFGP: Número de grãos cheios por panícula; GYP: Rendimento de grãos por planta (g).

Na geração M2, os resultados da Tabela (3) mostraram diferenças significativas entre as cultivares e a interação entre cultivares e tratamentos de radiação para todas as caraterísticas estudadas, indicando que todos os genótipos de arroz, incluindo os seus progenitores, diferiam entre si no que diz respeito às suas caraterísticas. Além disso, os tratamentos de radiação exerceram efeitos significativos apenas para as caraterísticas altura da planta (AP), número de perfilhos por planta (NTP) e rendimento de grãos por planta (GYP). Além disso, os dados da geração M3 na Tabela (4) revelaram diferenças significativas entre as três cultivares para todas as caraterísticas estudadas, exceto para a caraterística de peso de 100 grãos (GW). Da mesma forma, os tratamentos de radiação e a interação entre as cultivares e os tratamentos de radiação apresentaram diferenças altamente significativas para todas as caraterísticas, exceto para a caraterística número de perfilhos por planta, que apresentou um efeito não significativo para a interação entre as cultivares e os tratamentos de radiação.

Tabela 4. Quadrados médios para as caraterísticas estudadas de três cultivares de arroz tratadas com raios gama na geração M_3 .

S.V	d.f	PH	NTP	PL	GW	NFGP	PJG
Replicações	2	14.83	21.40	1.29	0.003	1681.03	232.80
Cultivares (C)	2	361.52*	98.4*	21.5*	0.011	2113.0*	1970.4*
Erro	4	29.55	6.86	2.84	0.005	250.32	123.60
Radiação (R)	4	111.2**	44.0**	22.4**	0.02*	1328.2**	469.7**
C x R	8	98.6**	5.10	8.40**	0.11**	1358.6**	310.1*
Erro	24	4.30	6.29	2.12	0.004	151.98	106.21

*, ** indicam significância a $p \leq 0,05$ e $p \leq 0,01$, respetivamente; PH: Altura da planta (cm); NTP: Número de perfilhos por planta; PL: Comprimento da panícula (cm); GW: Peso de 100 grãos (g); NFGP: Número de grãos cheios por panícula; GYP: Rendimento de grãos por planta (g).

b. Parâmetros genéticos das caraterísticas estudadas

Os dados dos parâmetros genéticos; variâncias genotípica e fenotípica, coeficiente de variação genotípica e fenotípica, hereditariedade em sentido lato e avanço genético em percentagem da média para a produção e caraterísticas relacionadas com a produção de três cultivares de arroz nas gerações M2 e M3 são apresentados nos Quadros (5) e (6), respetivamente.

Os resultados mostraram que a maior magnitude da variância genotípica (GV) e fenotípica (PV) foi registada para o número de grãos cheios por panícula (NFGP) nas gerações M_2 e M_3 (432,7 e 620,9, respetivamente), seguida da GYP (354,3 e 615,6, respetivamente), enquanto a menor magnitude foi observada na GW (0,02 e 0,002, respetivamente), seguida do comprimento da panícula (PL) (8,8 e 6,2, respetivamente).

Tabela 5. Parâmetros genéticos para a produtividade e caraterísticas relacionadas com a produtividade de três cultivares de arroz na geração M2.

Traço	Média	GV	PV	GCV (%)	PCV (%)	h b^2 (%)	GA (% da média)
Altura da planta	70.49	280.2	281.2	23.7	23.8	99.7	48.8
N. Motocultivadores/planta	14.49	45.0	49.6	46.3	48.6	90.6	90.7
Comprimento da panícula	19.44	8.8	8.8	15.2	15.3	99.6	31.3
Peso de 100 grãos	2.69	0.02	0.02	4.7	5.1	85.7	9.0
N. Grão/panícula cheia	77.45	432.7	441.7	26.9	27.1	98.0	54.8
Rendimento de grãos/planta	19.31	354.3	361.7	97.5	98.5	98.0	198.8

GV: Variância genotípica; PV: Variância fenotípica; GCV: Coeficiente de variação genotípica; PCV: Coeficiente de variação fenotípica; h^2 b: Herdabilidade em sentido lato; GA: Avanço genético em percentagem da média.

Tabela 6. Parâmetros genéticos para a produção e caraterísticas relacionadas com a produção de três cultivares de arroz na geração M3.

Traço	Média	GV	PV	GCV (%)	PCV (%)	h b^2 (%)	GA (% da média)
Altura da planta	107.21	110.7	120.5	9.8	10.2	91.8	19.4
N. Motocultivador/planta	25.42	30.5	32.8	21.7	22.5	93.0	43.2
Comprimento da panícula	22.79	6.2	7.2	10.9	11.7	86.8	21.0
Peso de 100 grãos	2.71	0.002	0.004	1.7	2.2	54.5	2.5
N. Grão/panícula cheia	142.25	620.9	704.3	17.5	18.7	88.2	33.9
Rendimento de grãos/planta	77.53	615.6	656.8	32.0	33.1	93.7	63.8

GV: Variância genotípica; PV: Variância fenotípica; GCV: Coeficiente de variação genotípica; PCV: Coeficiente de variação fenotípica; h^2 b: Herdabilidade em sentido lato; GA: Avanço genético em percentagem da média.

Nas gerações M_2 e M_3 , as caraterísticas GW e GYP registaram os valores mais baixos e mais altos do coeficiente de variação fenotípica (PCV) e do coeficiente de variação genotípica (GCV), respetivamente. Em geral, foi observada uma pequena diferença entre os valores de PCV e GCV para todas as caraterísticas estudadas em ambas as gerações, o que reflecte o baixo efeito ambiental na expressão destas caraterísticas. Além disso, a maior magnitude do GCV e do PCV foi registada para a caraterística GYP, seguida da caraterística NTP em ambas as gerações, o que indica a presença de variabilidade genética suficiente entre os genótipos para estas caraterísticas, que podem ser utilizadas para o melhoramento do arroz através da seleção direta. Esses resultados estão em consonância com a descoberta de Rukmini *et al.* (2016) que encontraram os maiores valores de GCV e PCV foram observados para o rendimento por planta (42,0%) e sementes cheias por panícula (33,9%). Enquanto a caraterística PL registrou valores moderados de GCV e PCV em ambas as gerações, portanto, a seleção para essa caraterística pode ser enganosa se adotada para melhoria. Estas constatações são inconformes com os resultados de Idris e Mohamed (2013); Rukmini *et al.* (2016), que referiram que o comprimento da panícula registou valores baixos de GCV e PCV. As estimativas de PCV e GCV foram baixas (<10%) para as caraterísticas PH e GW, indicam que essas caraterísticas são menos passíveis de melhoramento genético por seleção. Esses resultados contrastam com as descobertas de Okelola *et al.* (2007); Rukmini *et al.* (2016) relataram que o peso de 1000 grãos e a altura da planta deram valores moderados (10-20%) de PCV e GCV.

Embora o GCV forneça informações sobre a variabilidade genética presente em vários caracteres quantitativos, não é possível determinar a porção hereditária da variação total. No presente estudo, as estimativas de herdabilidade em sentido amplo variaram de 85,7% para a caraterística GW a 99,7% para a caraterística PH na geração M2 (Tabela 5), e variaram de 54,5% para GW a 93,7% para GYP na geração M3 (Tabela 6). Em ambas as gerações, foram obtidos valores elevados de hereditariedade (>60%) para todas as caraterísticas estudadas, exceto para a caraterística GW, que revelou um valor moderado de hereditariedade (54,5%) na geração M3, o que indica o papel principal da ação genética aditiva na hereditariedade destas caraterísticas; pelo contrário, os factores ambientais não afectaram grandemente a variação fenotípica destas caraterísticas (Okelola *et al.*, 2007 e Rukmini *et al.*, 2016).

Os dados revelaram que a produtividade de grãos por planta deu os maiores valores de avanço genético (AG) da seleção como porcentagem da média nas gerações M_2 e M_3 (198% e 63,8%, respetivamente). Em contrapartida, a caraterística GW apresentou os menores valores de AG em ambas as gerações (9,0% e 2,5%, respetivamente). As estimativas de herdabilidade, juntamente com o avanço genético, podem ser usadas para prever o efeito final da seleção de genótipos superiores. Em ambas as gerações, foram obtidos valores elevados de hereditariedade e de avanço genético para todas as caraterísticas estudadas, exceto a caraterística GW, o que indica que estas caraterísticas estão principalmente sob controlo genético e que a seleção baseada nestas caraterísticas seria mais fiável (Idris e Mohamed, 2013; Hossain *et al.,* 2015). Estes resultados estão de acordo com as conclusões de Idris e Mohamed (2013); Rukmini *et al.* (2016), ao passo que as estimativas de elevada hereditariedade com baixos valores de avanço genético foram registadas para o GW, o que indica que o efeito do gene não aditivo e a interação entre o genótipo e o ambiente desempenham um papel importante na expressão da caraterística. Resultados semelhantes foram observados por Okelola *et al.* (2007), que descobriram que alta herdabilidade de 78,6% e baixo GA de 2,1% foram observados para o índice de emergência e peso de 100 sementes; Também Idris e Mohamed (2013) observaram altos valores de herdabilidade com baixos valores de avanço genético para o comprimento da panícula e peso de 1000 grãos.

c. Desempenho médio das caraterísticas estudadas em duas gerações

(1) Altura da planta

O desempenho médio do traço altura da planta de três cultivares de arroz afetado pelos tratamentos de radiação nas gerações M_2 e M_3 é mostrado na Tabela (7). Na geração M_2 , os resultados mostraram que os tratamentos de 200 e 250 Gy na cultivar Sk104 proporcionaram a maior média da caraterística PH (86,3 e 81,6 cm, respetivamente). Enquanto que, a menor média foi observada para os tratamentos de 300 e 200 Gy na cultivar Gz177 (63,9 e 64,0 cm, respetivamente). Foram observadas diferenças altamente significativas entre as cultivares. Da mesma forma, todos os tratamentos de radiação apresentaram efeitos significativos sobre esta caraterística, exceto o tratamento de 150 Gy que causou redução na altura das plantas em todas as cultivares, exceto na cultivar Gz177, em comparação com o controle. Esses resultados são inconformes com os resultados de El-Degwy (2013), que relatou que a dose de 250

Gy produziu os valores médios mais baixos para altura da planta e rendimento de grãos na geração M2. Também Rashid *et al.* (2009) verificaram que os mutantes anões desenvolvidos a partir de 300 Gy apresentaram uma redução significativa da altura das plantas (28,91%) em comparação com o parental Basmati-370.

Tabela 7. Efeito dos raios gama na altura das plantas de três cultivares de arroz nas gerações M2 e M3.

Tratamento por radiação	M2 Gz177	M2 Sk101	M2 Sk104	Média ■	M3 Gz177	M3 Sk101	M3 Sk104	Média
Controlo	64.1^{e}	69.0^{de}	75.1^{c}	69.4^{bc}	97.1^{f}	96.3^{f}	115.5^{b}	103.0^{d}
150 Gy	66.7^{de}	65.6^{e}	71.1^{cd}	67.8^{c}	105.5^{de}	120.4^{a}	110.9^{c}	112.2^{a}
200 Gy	64.0^{e}	68.4^{de}	86.3^{a}	72.9^{a}	101.9^{e}	103.6^{de}	115.4^{b}	107.0^{bc}
250 Gy	67.2^{de}	66.2^{de}	81.6^{ab}	71.7^{ab}	102.5^{e}	106.8^{d}	106.4^{d}	105.2^{c}
300 Gy	63.9^{e}	66.8^{de}	81.3^{b}	70.7^{ab}	105.6^{de}	107.0^{d}	113.4^{bc}	108.7^{b}
Média	65.2^{c}	67.2^{b}	79.1^{a}		102.5^{b}	106.8^{ab}	112.3^{a}	

Os valores médios que partilham as mesmas letras para a mesma caraterística não são significativamente diferentes ao nível de 5% de probabilidade.

Na geração M_3 , os resultados mostraram que a cultivar Sk101 produziu a maior média de altura de planta para o tratamento de 150 Gy (120,4 cm), seguida pelo controle da cultivar Sk104 (115,5 cm), enquanto a menor média foi registrada para os tratamentos de controle nas cultivares Sk101 e Gz177 (96,3 e 97,1 cm, respetivamente). Além disso, um aumento acentuado foi obtido apenas para a Sk104 em comparação com a cultivar Gz177. Diferentes doses de raios gama mostraram um aumento significativo para a altura da planta em comparação com o controle, onde a dose 150 Gy foi mais eficaz para aumentar a altura da planta em todas as cultivares, exceto na cultivar Sk104. Estes resultados estão de acordo com o trabalho efectuado por Shereen *et al.* (2009) e El-Degwy (2013), que descobriram que as doses de radiação de 150 e 200 Gy exibiram efeitos estimulantes ligeiros na altura das plantas de mutantes. Em contraste, Naeem *et al.* (2015) relataram que a dose de 200 Gy apresentou valores mínimos para a altura da planta.

(2) Número de perfilhos por planta

O desempenho médio da caraterística de número de perfilhos por planta de três cultivares de arroz na geração M_2 e M_3 é exibido na Tabela (8). Na geração M_2 , o maior número de perfilhos por planta foi obtido com o tratamento de 300 Gy (21,4) para Sk101, seguido pelo tratamento de 200 Gy para a cultivar Sk104 (19,8), enquanto a menor média foi encontrada para o tratamento de 300 Gy na cultivar Gz177 (10,5), seguida pelo controle da cultivar Sk101 (10,6). Por outro lado, o aumento significativo do NTP só foi obtido para a Sk101 em comparação com as outras cultivares, enquanto todos os tratamentos de radiação aumentaram esta caraterística, exceto o tratamento de 150 Gy que apresentou o efeito mais deletério nesta caraterística para as cultivares Sk104 e Gz177 em comparação com o seu controlo. Essas descobertas estão em inconformidade com os resultados de Harding *et al.* (2012); Alfi *et al.* (2015) descobriram que o aumento nas doses de raios gama de 100 a 300 Gy teve pouco ou nenhum efeito no número de perfilhos produtivos.

Tabela 8. Efeito dos raios gama na caraterística número de perfilhos por planta de três cultivares de arroz nas gerações M_2 e M_3.

Tratamento por radiação	M2 Gz177	Sk101	Sk104	Média ■	M3 Gz177	Sk101	Sk104	Média
Controlo	11.1^{c}	10.6^{c}	18.4^{ab}	13.4^{bc}	22.8^{defg}	24.6^{cdefg}	29.6^{ab}	25.7^{b}
150 Gy	10.7^{c}	11.9^{c}	14.2^{bc}	12.3^{c}	24.5cdefg	25.5bcdef	26.6^{bcde}	25.5^{b}
200 Gy	13.4^{c}	12.6^{c}	19.8^{a}	15.3^{ab}	20.0^{g}	22.2^{efg}	27.2^{bcd}	23.1^{b}
250 Gy	13.4^{c}	11.9^{c}	18.8^{a}	14.7^{abc}	21.7^{fg}	24.0cdefg	26.0bcdef	23.9^{b}
300 Gy	10.5^{c}	21.4^{a}	18.6^{a}	16.8^{a}	27.8^{abc}	26.8bcde	32.0^{a}	28.9^{a}
Média	11.8^{b}	13.7^{b}	18.0^{a}		23.4^{b}	24.6^{b}	28.3^{a}	

Os valores médios que partilham as mesmas letras para a mesma caraterística não são significativamente diferentes ao nível de 5% de probabilidade.

Na geração M_3, a cultivar Sk104 apresentou o maior NTP no tratamento de 300 Gy (32,0) seguido do tratamento controle (29,6), enquanto a cultivar Gz177 produziu a menor média para os tratamentos de 200 e 250 Gy (20,0 e 21,7, respetivamente). Por outro lado, a cultivar Sk104 deu um aumento significativo no NTP em comparação com as outras cultivares, enquanto todos os tratamentos de radiação tiveram pouco ou nenhum efeito no NTP, exceto o tratamento de 300 Gy que aumentou esta caraterística em todas as cultivares em comparação com o seu controlo. Contrariamente, El-Degwy (2013) verificou que a dose de 200 Gy deu o valor mais elevado em número de panículas por planta na geração M1, enquanto a dose de 250 Gy produziu o maior número de panículas por planta em M_2.

(3) Comprimento da panícula

O desempenho médio da caraterística comprimento da panícula de três cultivares de arroz, influenciado pelos tratamentos de radiação nas gerações M2 e M3, é apresentado na Tabela (9). Na geração M2, os resultados revelaram que a cultivar Sk101 obteve o máximo de PL nos tratamentos controle e 250 Gy (21,3 e 21,2 cm, respetivamente). Por outro lado, a cultivar Gz177 apresentou PL mínima nos tratamentos de 300 Gy e controle (17,6 e 17,7 cm, respetivamente). Um aumento considerável foi encontrado para Sk101 e Sk104 em comparação com a cultivar Gz177. No entanto, os tratamentos com radiação gama mostraram efeitos não significativos sobre esta caraterística, indicando a uniformidade do desempenho do comprimento da panícula em diferentes tratamentos de radiação. A mesma tendência foi obtida por Naeem *et al.* (2015) que relataram que a radiação gama exerceu efeitos não significativos sobre o comprimento da panícula, e a dose de 200 Gy apresentou valores mínimos para o comprimento da panícula e altura da planta.

Tabela 9. Efeito dos raios gama na caraterística de comprimento da panícula de três cultivares de arroz nas gerações M2 e M3.

Tratamento por radiação	M2			Média	M3			Média
	Gz177	Sk101	Sk104		Gz177	Sk101	Sk104	
Controlo	17.7^{e}	21.3^{a}	19.5^{bcd}	19.5^{ab}	19.6^{g}	24.0^{abcd}	22.6^{def}	22.1^{bc}
150 Gy	18.4^{de}	20.2^{ab}	19.8^{bc}	19.5^{ab}	25.5^{abc}	26.1^{ab}	241abcd	25.2^{a}
200 Gy	17.8^{e}	19.8^{bc}	20.7^{ab}	19.4^{ab}	19.8^{g}	21.1^{efg}	22.8cdef	21.2^{c}
250 Gy	18.0^{e}	21.2^{a}	20.5^{ab}	19.9^{a}	20.3^{fg}	26.5^{a}	234bcde	23.4^{b}
300 Gy	17.6^{e}	18.8^{cde}	20.2^{ab}	18.9^{b}	22.1defg	21.3defg	22.5^{def}	22.0^{bc}
Média	17.9^{b}	20.3^{a}	20.2^{a}		21.5^{b}	23.8^{a}	23.1^{ab}	

Os valores médios que partilham as mesmas letras para a mesma caraterística não são significativamente diferentes ao nível de 5% de probabilidade.

Na geração M_3 , os resultados revelaram que a cultivar Sk101 apresentou PL máxima para os tratamentos de 250 e 150 Gy (26,5 e 26,1 cm, respetivamente). Em contrapartida, a cultivar Gz177 obteve PL mínima para os tratamentos controle e 200 Gy (19,6 e 19,8 cm, respetivamente). Por outro lado, um aumento significativo para esta caraterística foi observado para as cultivares Gz177 e Sk104 em comparação com as cultivares Sk101. Considerando que, um aumento considerável só foi obtido para a dose de radiação 150 Gy, mas as doses de 200, 250 e 300 Gy mostraram diferenças não significativas em PL, como observado por El-Degwy (2013) Alfi *et al.* (2015) e Naeem *et al.* (2015) eles descobriram que o efeito dos raios gama foi não significativo em PL, indicam a uniformidade do desempenho desta caraterística em diferentes níveis de radiação.

(4) Peso de 100 grãos

O desempenho médio da caraterística peso de 100 grãos de três cultivares de arroz nas gerações M_2 e M3 é apresentado na Tabela (10).

Tabela 10. Efeito dos raios gama na caraterística de peso de 100 grãos de três cultivares de arroz nas gerações M2 e M3.

Tratamento por radiação	M2 Gz177	M2 Sk101	M2 Sk104	Média	M3 Gz177	M3 Sk101	M3 Sk104	Média
Controlo	2.51^{d}	2.80^{abc}	2.65^{bcd}	2.65^{a}	2.71^{cd}	2.79^{bc}	2.71^{cd}	2.74^{a}
150 Gy	2.58^{bcd}	2.61^{bcd}	2.62^{bcd}	2.60^{a}	2.64^{d}	2.84^{ab}	2.67^{d}	2.72^{a}
200 Gy	2.56^{cd}	2.73^{abcd}	2.85^{ab}	2.71^{a}	2.88^{ab}	2.51^{e}	2.81^{abc}	2.73^{a}
250 Gy	2.68^{abcd}	2.93^{a}	2.59^{bcd}	2.73^{a}	2.85^{ab}	2.70^{cd}	2.34^{f}	2.63^{b}
300 Gy	2.78^{abcd}	2.63^{bcd}	2.82^{abc}	2.74^{a}	2.60^{de}	2.64^{d}	2.91^{a}	2.72^{a}
Média	2.62^{b}	2.74^{a}	2.71^{ab}		2.74^{a}	2.70^{a}	2.69^{a}	

Na geração M2, o peso máximo de 100 grãos (2,93 g) foi registado no tratamento 250 Gy na cultivar Sk101, seguido do tratamento 300 Gy na cultivar Sk104 (2,82 g). Pelo contrário, o GW mínimo foi encontrado na cultivar Gz177 para os tratamentos de controlo e 200 Gy (2,51 e 2,56 g, respetivamente). Por outro lado, só foi obtido um aumento acentuado para a cultivar Gz177 em comparação com a cultivar Sk101, enquanto todos os tratamentos com radiação gama apresentaram diferenças não significativas para a média da caraterística GW, indicando que o desempenho médio desta caraterística não foi afetado por diferentes doses de raios gama. Estes resultados foram observados de acordo com as conclusões de El-Degwy (2013); Naeem *et al.* (2015).

Na geração M_3 , o máximo de GW (2,91 g) foi registado na cultivar Sk104 para o tratamento 300 Gy seguido do tratamento 200 Gy na cultivar Gz177 (2,88 g). Pelo contrário, o GW mínimo para a cultivar Sk104 foi encontrado para o tratamento 250 Gy (2,34 g) seguido pelo tratamento 200 Gy na cultivar Sk101 (2,51 g). Além disso, houve diferenças não significativas entre todas as cultivares. Todos os tratamentos de radiação não mostraram diferenças claras, exceto o tratamento 250 Gy que mostrou uma redução significativa para a média da caraterística de peso de 100 grãos, indicando que o desempenho médio desta caraterística não foi afetado por diferentes doses de raios gama. Estes resultados estão em conformidade com as conclusões de El-Degwy (2013), que concluiu que a cultivar Sakha 105 apresentou diferenças não significativas na caraterística de peso de 1000 grãos entre os tratamentos de irradiação gama (28,5 g) e o seu controlo (28,4 g) na geração M_2 .

(5) Número de grãos cheios por panícula

O desempenho médio da caraterística número de grãos cheios por panícula (NFGP) de três cultivares de arroz afetado pelos tratamentos de radiação nas gerações M_2 e M_3 é apresentado no Quadro (11).

Tabela 11. Efeito dos raios gama na caraterística número de grãos cheios por panícula de três cultivares de arroz nas gerações M_2 e M_3 .

Tratamento por radiação	M2 Gz177	Sk101	Sk104	Média	M3 Gz177	Sk101	Sk104	Média
Controlo	64.6^{cd}	90.0^{ab}	66.0^{cd}	73.5^{a}	115.3^{f}	150.6^{bcd}	151.5^{bc}	139.1^{b}
150 Gy	78.4^{abc}	79.2^{abc}	80.0^{abc}	79.2^{a}	169.1^{b}	146.2^{bcde}	150.7^{bcd}	155.3^{a}
200 Gy	72.7^{bcd}	83.3^{abc}	92.6^{ab}	82.8^{a}	130.6^{cdef}	127.5^{def}	150.6^{bcd}	136.2^{b}
250 Gy	63.7^{cd}	77.9^{abc}	95.7^{a}	79.1^{a}	110.3^{f}	156.9^{b}	194.3^{a}	153.8^{a}
300 Gy	57.9^{d}	63.6^{cd}	96.3^{a}	72.6^{a}	126.0^{ef}	131.3^{cdef}	123.0^{ef}	126.8^{b}
Média	67.5^{c}	78.8^{b}	86.1^{a}		130.3^{b}	142.5^{ab}	154.0^{a}	

Os valores médios que partilham as mesmas letras para a mesma caraterística não são significativamente diferentes ao nível de 5% de probabilidade.

Na geração M2, os resultados mostraram que a cultivar Sk104 produziu um NFGP máximo para os tratamentos de 300 e 250 Gy (96,3 e 95,7, respetivamente), enquanto que ambas as cultivares Gz177 e Sk101 produziram uma média mínima para o tratamento de 300 Gy (57,9 e 63,6, respetivamente). Por outro lado, foram observadas diferenças significativas entre todas as cultivares para esta caraterística, enquanto os diferentes tratamentos de radiação mostraram um ligeiro aumento para o NFGP, exceto o tratamento de 300 Gy que mostrou uma diminuição não significativa para esta caraterística para as cultivares Gz177 e Sk101 em comparação com o seu controlo. Em contraste, El-Degwy (2013) verificou que o valor mínimo para NFGP (104,3) foi registado para a dose de 250 Gy na cultivar Sakha 105. Da mesma forma, Naeem *et al.* (2015) verificaram que a dose de 200 Gy apresentou um valor mínimo para o número de grãos por panícula (123,7).

Na geração M3, a cultivar Sk104 produziu um NFGP máximo para o tratamento de 250 Gy (194,3) seguido pelo tratamento de 150 Gy na cultivar Gz177 (169,1). Pelo contrário, a cultivar Gz177 registou uma média mínima nos tratamentos de 250 Gy e de controlo (110,3 e 115,3, respetivamente). Além disso, um aumento notável para esta caraterística só foi encontrado para Sk104 em comparação com outras cultivares, enquanto que os tratamentos de radiação de 150 e 250 Gy mostraram um aumento acentuado para NFGP, enquanto que os tratamentos de 200 e 300 Gy não têm uma grande influência sobre esta caraterística. Pelo contrário, El-Degwy (2013) e Naeem *et al.* (2015) verificaram que as doses de 200 e 250 Gy produziram um valor mínimo para o número de grãos por panícula (123,7 e 104,3, respetivamente).

(6) Rendimento de grãos por planta

A média da produtividade de grãos por planta de três cultivares de arroz afetada pelos tratamentos de radiação nas gerações M_2 e M_3 é apresentada no Quadro (12).

Tabela 12. Efeito dos raios gama no rendimento de grãos por planta de três cultivares de arroz nas gerações M2 e M_3 .

Tratamento por radiação	M2			Média	M3			Média
	Gz177	Sk101	Sk104		Gz177	Sk101	Sk104	
Controlo	9.1^{e}	19.2^{bc}	20.0^{bc}	16.1^{b}	55.6^{f}	70.4cdef	95.0^{ab}	73.7^{bc}
150 Gy	13.3^{cde}	16.9^{bcd}	19.6^{bc}	16.6^{b}	86.5^{abc}	776bcde	78,5bcde	80.9^{ab}
200 Gy	8.5^{e}	19.1^{bc}	37.2^{a}	21.6^{a}	54.5^{f}	62.8^{def}	89.9^{abc}	69.1^{c}
250 Gy	13.4^{cde}	17.8^{bc}	30.9^{a}	20.7^{a}	60.4^{ef}	80.3^{abcd}	87.5^{abc}	76.1^{bc}
300 Gy	10.2^{de}	22.6^{b}	31.8^{a}	21.5^{a}	82,4abcd	81,4abcd	100.2^{a}	88.0^{a}
Média	10.9^{c}	19.1^{b}	27.9^{a}		67.9^{b}	74.5^{b}	90.2^{a}	

Os valores médios que partilham as mesmas letras para a mesma caraterística não são significativamente diferentes ao nível de 5% de probabilidade.

Na geração M2, a maior média de produtividade de grãos por planta foi observada na cultivar Sk104 para as doses de 200 e 300 Gy (37,2 e 31,8 g, respetivamente), ao contrário, a menor média foi registrada na cultivar Gz177 para os tratamentos de 200 Gy e controle (8,5 e 9,1 g, respetivamente). Além disso, houve diferenças altamente significativas entre todas as cultivares de arroz, especialmente para a cultivar Sk104 que mostrou o melhor desempenho médio desta caraterística em diferentes níveis de radiação gama, enquanto todos os tratamentos de radiação mostraram efeitos significativos nesta caraterística, exceto o tratamento 150 Gy que causou uma ligeira diferença no GYP para todas as cultivares, exceto a cultivar Gz177. El-Degwy (2013) descobriu que o rendimento de grãos foi significativamente afetado por tratamentos mutagénicos; e a dose de 200 Gy produziu os valores médios mais baixos (28,8 g) para o rendimento de grãos na geração M_2 .

Na geração M3, a maior média de produtividade de grãos por planta foi observada na cultivar Sk104 para os tratamentos de 300 Gy e controle (100,2 e 95,0 g, respetivamente), ao contrário, a menor média foi registrada na cultivar Gz177 para os tratamentos de 200 Gy e controle (54,5 e 55,6 g, respetivamente). Além disso, um aumento notável foi observado apenas para Sk104 em comparação com outras cultivares. Além disso, a dose de raios gama 300 Gy mostrou uma grande influência na caraterística GYP, enquanto o tratamento 200 Gy registou um valor médio mínimo para esta caraterística em comparação com o controlo. Além disso, os resultados de Shehata *et al.* (2009); Shehzad *et al.* (2011); Chongkid (2013) apresentaram a mesma tendência.

d. Desempenho médio de 11 mutantes selecionados na geração M 3

A seleção visual foi realizada nas gerações M_2 e M_3 de acordo com a resistência a doenças e caraterísticas morfológicas distintas. Foram selecionados 11 mutantes (quadro 13), dos quais 4 mutantes (SK115, SK120, SK125 e SK130) foram obtidos da cultivar Sakha 101; e 7 mutantes (SK4151, SK4152, SK4153, SK4154, SK4201, SK4202 e SK4203) foram obtidos da Sakha 104 através de diferentes tratamentos com radiação gama.

Os resultados na Tabela (13) mostraram diferenças altamente significativas entre 11 mutantes e seus pais para todas as caraterísticas estudadas. Todos os mutantes obtidos da cultivar Sk101 foram 10 dias mais cedo do que os seus progenitores na maturidade, exceto o mutante perfumado SK125 (Fig. 2). Enquanto que o mutante SK115 deu valores elevados para GYP (83,3 g), PL (28,4 cm) e PH (137,3 cm) em comparação com a cultivar parental (70,4 g, 24 cm e 96,3 cm), respetivamente. O mutante perfumado SK125 produziu uma média mais elevada de GYP (90,9 g) em comparação com a cultivar parental (70,4 g). Além disso, o mutante SK125 registou a média mais elevada para PL (29,0 cm) e NFGP (191,0) entre todos os genótipos.

Tabela 13. Desempenho médio das caraterísticas estudadas de 11 mutantes de arroz selecionados e dos seus progenitores na geração M_3 .

Genótipo	Tratamento de radiação (Gy)	PH	NTP	PL	GW	NFGP	GYP	DM
Gizé 177	Controlo	97.1^{f}	22.8^{de}	19.7^{g}	2.71c^{def}	115.3^{f}	55.6^{fg}	121.3^{f}
Sakha 101	Controlo	96.3^{f}	24.6^{cde}	24.0^{de}	2.79^{cde}	150.6^{cde}	70.4defg	138.0^{a}
SK115	150	137.3^{a}	23.7^{de}	28.4^{a}	2.88^{c}	157.4^{bcd}	83,3abcde	128.3^{d}
SK120	200	103.6^{e}	22.2^{de}	21.1^{fg}	2.51^{g}	127.5^{ef}	62.8^{efg}	128.3^{d}
SK125	250	110.0^{de}	21.9^{de}	29.0^{a}	2.61^{fg}	191.0^{a}	90,9abcd	135.0^{b}
SK130	300	107.0^{e}	26.8^{bcd}	21.3^{fg}	2.64^{efg}	131.3^{def}	814abcde	128.3^{d}
Sakha 104	Controlo	115.5^{bcd}	29.6^{b}	22.6^{ef}	2.71^{def}	151.5^{cde}	95.0^{abc}	131.7^{c}
SK4151	150	114.4^{cd}	35.6^{a}	22.1^{f}	2.66^{efg}	143.6^{cde}	100.0^{a}	129.3^{d}
SK4152	150	115.4^{bcd}	21.7^{de}	26.5^{bc}	2,72cdef	161.1^{bc}	74,9cdef	117.3^{g}
SK4153	150	121.9^{b}	23.5^{de}	27.7^{ab}	277cdef	181.6^{ab}	92.3^{abc}	118.0^{g}
SK4154	150	105.2^{e}	23.6^{de}	23.9^{de}	2,76cdef	137.6^{cdef}	53.9^{g}	116.7^{g}
SK4201	200	117.2^{bc}	29.0^{bc}	21.6^{f}	2.87^{cd}	152.7^{cde}	97.2^{ab}	131.3^{c}

SK4202	200	119.7^{bc}	21.2^{e}	24.9^{cd}	3.05^{b}	150.3^{cde}	767bcde	125.3^{e}
SK4203	200	120.2^{bc}	23.5^{de}	24.8^{cd}	3.24^{a}	137.6^{cdef}	86.2abcd	126.0^{e}

Valores médios com as mesmas letras para a mesma caraterística não são significativamente diferentes ao nível de 5% de probabilidade. PH: Altura da planta (cm); NTP: Número de perfilhos por planta; PL: Comprimento da panícula (cm); GW: Peso de 100 grãos (g); NFGP: Número de grãos cheios por panícula; GYP: Rendimento de grãos por planta (g); DM: Dias até a maturidade.

O mutante SK4151 produziu a média máxima para NTP (35,6) seguido por seu parente Sk104 (29,6); e GYP (100 g) seguido por SK4201 (97,2 g) e Sk104 (95 g). Esses resultados estão em consonância com as descobertas de Kumar e Bhagwat (2012), que relataram que o mutante D7 deu quase o dobro do número de perfilhos (27,0) da variedade parental WL112 (14,1), o aumento no perfilhamento é devido à redução da dormência do botão do perfilho nos nós profiláticos.

Fig. 2. O mutante precoce SK115 e a sua cultivar parental Sakha 101.

O mutante semi-anão SK4154 foi mais precoce 15 dias na maturidade do que o seu progenitor Sk104, seguido pelo SK4152 e SK4153 (14 e 13 dias, respetivamente). Da mesma forma, os mutantes SK4153 e SK4152 apresentaram a panícula mais longa (27,7 e 26,5 cm, respetivamente) em comparação com o seu progenitor (22,6 cm) (Fig. 3). A média mais elevada de NFGP foi registada para o mutante SK4153 (181,6), enquanto o seu progenitor registou (151,5).

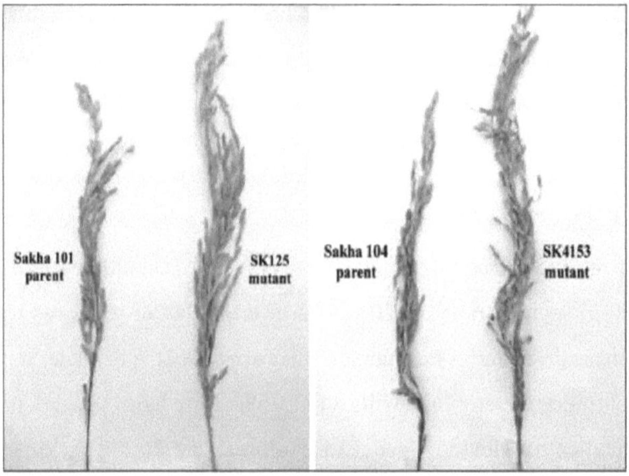

Fig. 3. A panícula mais longa dos mutantes SK125 e SK4153 em comparação com os seus progenitores Sk101 e Sk104, respetivamente.

O mutante SK4203 deu a média máxima de GW (3,24 g) entre todos os

seguido por SK4202 (3,05 g) e SK4201 (2,87 g) em comparação com o seu progenitor (2,71 g) (Fig. 4).

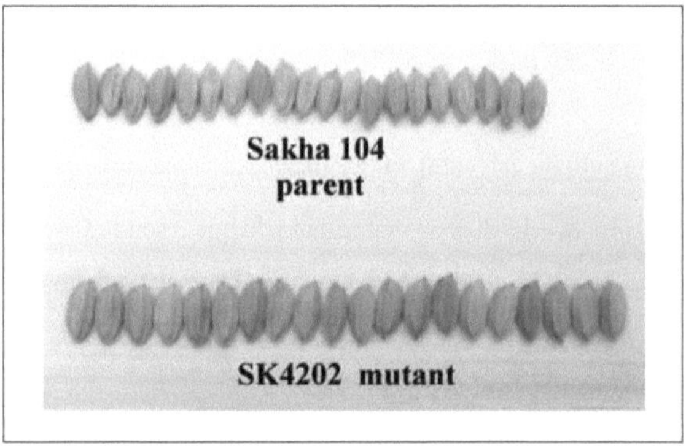

Fig. 4. O grão mais pesado do mutante SK4202 em comparação com o seu parente Sk104.

Todos os mutantes de arroz foram resistentes à doença da explosão, exceto SK4151 e SK4201. Além disso, alguns dos mutantes mostraram precocidade na maturidade de 10-15 dias em comparação com o seu progenitor.

Esta caraterística pode ser útil para reduzir a duração da cultura do arroz e reduzir a quantidade de água necessária para o crescimento do arroz. Mutantes semelhantes com maturação precoce e resistência à doença da explosão no arroz são relatados por Kumar e Bhagwat (2012), que relataram que alguns dos mutantes exibiram precocidade na floração de 20-70 dias em comparação com o seu progenitor WL112, e os mutantes anões Dl a D16 também exibiram resistência moderada à doença da explosão do arroz, enquanto os mutantes D19 e D20 foram altamente resistentes à explosão. Do mesmo modo, Shehzad *et al.* (2011) selecionaram cinco mutantes promissores na geração M_5 a partir de doses de 200 e 300 Gy com base na resistência ao acamamento, à doença do rebentamento, no elevado potencial de rendimento, bem como na maturidade precoce.

Os mutantes SK4151, SK125, SK115 e SK130 apresentaram um aumento significativo no rendimento de grãos por planta em comparação com os seus progenitores devido ao aumento do número de espiguetas, comprimento da panícula, peso de 100 grãos e número de grãos cheios por panícula. Os resultados estão de acordo com as descobertas de Kumar e Bhagwat (2012), que relataram que o mutante anão D16 produziu maior rendimento de grãos por planta (47,9 g) do que a variedade parental WL112 (23 g). Esta alteração importante deve-se provavelmente ao aumento do número de espiguetas e do número de grãos por panícula, uma vez que a dimensão dos grãos e a taxa de enchimento se mantiveram mais ou menos inalteradas. Também Rashid *et al.* (2009) verificaram que o mutante EF-1-20-52-04 produziu um rendimento de arroz 38,4% superior ao da variedade-mãe (Basmati-370). Uddin *et al.* (2007) identificaram quatro linhas mutantes de arroz tolerantes ao sal derivadas da cultivar japonesa 'Drew' após irradiação com uma dose de 200 Gy de raios gama. Estas linhas apresentaram um número significativamente mais elevado de grãos cheios, menor esterilidade de grãos e maior rendimento de grãos em comparação com os seus progenitores.

2. Avaliação da resistência às doenças

Onze mutantes de arroz selecionados de M_3 e M_4 e seus progenitores foram avaliados quanto à resistência a duas importantes doenças fúngicas do arroz*, ou seja,* o míldio e a bakanae.

a. Avaliação da resistência ao míldio

A doença da explosão do arroz (*Magnaporthe grisea*) causa anualmente perdas de rendimento economicamente significativas em todo o mundo. A doença pode afetar todas as partes aéreas da planta. A maioria das infecções ocorre nas folhas, provocando o aparecimento de lesões fusiformes com um centro cinzento ou branco, ou nas panículas, que se tornam brancas e morrem antes de se encherem de grãos (Selvaraj *et al.*, 2011). Para o controlo das doenças causadas pelo míldio, a criação de variedades resistentes é uma forma eficaz e económica de minimizar as perdas de rendimento do arroz devido a esta doença e reduzir a utilização de pesticidas. No entanto, a quebra da resistência ao míldio ocorre frequentemente devido à rápida mudança nas raças patogénicas do míldio após alguns anos de lançamento de uma nova cultivar (Song *et al.* 2014). Por conseguinte, o desenvolvimento de estratégias de melhoramento para uma resistência duradoura ao míldio é essencial e importante para a proteção das culturas.

(1) Avaliação em caso de infeção natural

Os resultados da reação de 11 mutantes de arroz e dos seus progenitores ao míldio foliar sob infeção natural em viveiro de míldio (fase de plântula) e em campo permanente (fase adulta) nas gerações M_3 e M_4 são apresentados no quadro (14).

Tabela 14. Reação de 11 mutantes de arroz e dos seus progenitores ao míldio sob infeção natural em condições de viveiro de míldio e de campo permanente nas gerações M_3 e M_4 .

Genótipo	Creche Blast		Campo permanente	
	M3	M4	M3	M4
Gizé 177	R	R	R	R
Sakha 101	S	S	S	S
SK115	R	R	R	RM
SK120	R	R	R	R
SK130	R	R	R	R
SK125	R	R	R	R
Sakha 104	R	R	S	S
SK4203	R	R	R	RM
SK4201	R	R	R	RM
SK4152	R	R	R	R
SK4151	R	R	R	S
SK4154	R	R	R	R
SK4153	R	R	R	R
SK4202	R	R	R	R

Pontuação da reação à doença da explosão (0-9), R: Resistente (0-2); MR: Moderadamente resistente (3); S: Suscetível (4-6); HS: Altamente suscetível (7-9).

Os resultados mostraram que a cultivar Gz177 (controlo resistente) foi resistente ao míldio foliar em condições de viveiro de míldio e de campo permanente em ambas as gerações. Além disso, todos os mutantes selecionados (SK115, SK120, SK125 e SK130) obtidos a partir da cultivar Sk101 foram resistentes à doença da explosão, embora a cultivar Sk101 tenha mostrado uma elevada suscetibilidade à doença da explosão em todas as fases e condições nas duas estações. Por outro lado, todos os mutantes selecionados (SK4152, SK4153, SK4154, SK4201, SK4202 e SK4203) que foram obtidos da cultivar Sk104 *através de* tratamentos com radiação gama foram resistentes à doença do rabanete sob infeção natural em ambas as gerações, exceto o mutante SK4151 e a cultivar Sk104 que foram susceptíveis apenas em condições de campo permanente. Resultados semelhantes foram observados por Hammoud e Gabr (2014), que descobriram que Sakha 101 e Sakha 104 eram altamente susceptíveis em condições de estufa e de campo. Hammoud *et al.* (2011) relataram que a Giza177 era altamente resistente em viveiro de blastos, campo permanente (fase adulta).

(2) Avaliação sob infeção artificial

A reação de 11 mutantes de arroz e dos seus progenitores à doença da explosão na fase de plântula sob infeção artificial utilizando 10 raças de explosão em estufa em M_4 é apresentada no Quadro (15). Os dados mostraram que as raças IB-45 e IG-1 foram as mais agressivas para todos os genótipos susceptíveis (cultivares parentais Sk101 e Sk104, bem como mutantes SK4151 e SK4201), seguidas pelas raças IB-45, IB-54, IC-5, IC-15, ID-15 e IG-1, enquanto as outras raças IB-19, IB-63, ID-13 e IH-1 mostraram baixa ou nenhuma virulência. Por outro lado, a cultivar Gz177 exibiu alta resistência contra todas as raças de raças de explosão sob inoculação artificial em estufa. Hammoud *et al.* (2011) relataram que a cultivar Giza177 foi altamente resistente em condições artificiais na fase de plântula a quatro raças de blastos, ou seja, IB-63, IH-1, IB-19 e IH-1.

Tabela 15. Reação de 11 mutantes de arroz e dos seus progenitores à doença da explosão sob infeção artificial nas gerações M_4 .

Genótipo	Corridas de explosão									
	IB-19	IB-45	IB- 54	IB-63	IC-5	IC-15	ID-13	ID-15	IG-1	IH-1
Gizé 177	R	R	R	R	R	R	R	R	R	R
Sakha 101	R	S	S	S	S	S	R	RM	S	RM
SK115	R	R	RM	R	R	R	R	R	R	R
SK120	R	R	R	R	R	R	R	R	R	R
SK130	R	R	R	R	R	R	R	R	R	R
SK125	R	R	R	R	R	R	R	R	R	R

Sakha 104	R	S	R	R	R	R	R	S	S	R
SK4203	R	R	R	R	R	R	R	RM	R	R
SK4201	R	S	S	R	S	S	RM	S	S	RM
SK4152	R	R	R	R	R	R	R	R	R	R
SK4151	R	S	S	R	S	R	R	R	S	S
SK4154	R	R	R	R	R	R	R	R	RM	R
SK4153	R	R	R	RM	R	R	R	RM	RM	RM
SK4202	R	R	RM	R	R	R	RM	R	R	R

Pontuação da reação à doença da explosão (0-9), R: Resistente (0-2); MR: Moderadamente resistente (3); S: Suscetível (4-6); HS: Altamente suscetível (7-9).

Pelo contrário, a cultivar Sk101 foi suscetível a todas as raças de explosão, exceto as raças IB-19, ID-13, ID-15 e IH-1; no entanto, os mutantes (SK115, SK120, SK125 e SK130) obtidos a partir do progenitor suscetível (Sk101) foram altamente resistentes a 10 raças de explosão em condições de estufa. Estes resultados estão em conformidade com as conclusões de Ayaad (2015), que concluiu que a cultivar Sakh 101 era suscetível às raças IC-5, IB-63 e ID-15 e resistente às raças IG-1, IH-1 e IB-19. Por outro lado, Sakh 102 e Giza 177 foram altamente resistentes contra todas as raças utilizadas. Enquanto Hammoud *et al.* (2011) relataram que Sakha 101 mostrou alta suscetibilidade às raças IB-19, IB-63 e IH-1. Do mesmo modo, Hammoud e Gabr (2014) referiram que a Sakha 101 era altamente suscetível a todas as raças de raças utilizadas, exceto à raça IB-45, sob infeção artificial em estufa sob inoculação artificial.

A cultivar Sk104 foi suscetível apenas às raças IB-45, ID-15 e IG-1. Resultados semelhantes foram observados por Hammoud e Gabr (2014), que descobriram que a cultivar Sakha 104 era suscetível à doença da explosão em condições de campo e resistente a todas as raças de explosão, exceto à raça IB-45, sob inoculação artificial em estufa. Enquanto o mutante SK4152 foi completamente resistente a todas as raças provadas, os mutantes (SK4153, SK4154, SK4202 e SK4203) foram resistentes e moderadamente resistentes a todas as raças sob inoculação artificial com raças específicas. Por outro lado, o mutante SK4201 foi suscetível à maioria das raças testadas, seguido do mutante SK4151. Estes resultados são consistentes com as conclusões de El-Refaee *et al.* (2011), que concluíram que a resistência de Sakha 101 e Sakha 104 à doença do rabanete foi quebrada em 2004 com o aparecimento de raças virulentas específicas e tornou-se suscetível, enquanto que Giza 177 e Sakha 103 continuaram resistentes e tornaram-se boas fontes de resistência ao rabanete.

Esses resultados indicaram que Gz177 e 9 mutantes (SK115, SK120, SK125, SK130, SK4152, K4153, SK4154, SK4202 e SK4203) foram completamente resistentes à doença da explosão em todos os estágios sob condições de viveiro de explosão e campo permanente e inoculação artificial. Por outro lado, as cultivares Sk101 e Sk104, os mutantes SK4151 e SK4201 foram susceptíveis à doença da explosão nas fases de plântula e adulta sob infeção natural e artificial. Assim, o melhoramento por mutação é uma abordagem muito eficaz para desenvolver novos genótipos resistentes à doença da explosão no arroz.

Foram efectuadas muitas tentativas para melhorar a resistência do arroz às doenças através do melhoramento por mutação. Foram registados resultados positivos, particularmente no que diz respeito à resistência ao míldio. O mutante R917, resistente à explosão, foi derivado da progénie F_1 irradiada com 100 Gy (Zhang *et al.*, 2003) e o mutante de arroz 'Zhefu 802' tem uma elevada resistência à explosão do arroz (Ahloowalia *et al.*, 2004).

Nas plantas, as respostas de defesa controladas pela hipótese gene-for-gene são desencadeadas quando o produto de um gene de resistência das plantas (*R*) reconhece, direta ou indiretamente, uma molécula específica do agente patogénico, que é frequentemente o produto de um gene de avirulência do agente patogénico (*avr*). A ausência ou inativação de qualquer membro deste par de genes resulta na suscetibilidade do hospedeiro ao agente patogénico (Jones e Dangl, 2006; Takahashi *et al.*, 2010). Assim, as plantas defendem-se contra os agentes patogénicos através da ativação de vias de resposta de defesa que resultam na expressão coordenada de genes de defesa e na subsequente contenção do agente patogénico (Campbell e Ronald, 2005). Uma das caraterísticas de uma reação de resistência do hospedeiro é a resposta hipersensível (HR), que se caracteriza pela morte rápida das células vegetais imediatamente no local da infeção. A HR está correlacionada com uma explosão transitória de espécies activas de oxigénio, a ativação de genes específicos relacionados com a defesa, a acumulação de compostos antimicrobianos e alterações na parede celular (Yin *et al.,* 2000). Além disso, Ono *et al.* (2001) verificaram que a produção de intermediários reactivos de oxigénio (ROI) e uma forma de morte celular programada denominada resposta hipersensível estão frequentemente associadas à resistência das plantas às doenças. O OsRac1, constitutivamente ativo, um regulador da produção de ROI e da morte celular no arroz, provoca respostas do tipo HR, aumenta a produção de uma fitoalexina, altera a expressão de genes relacionados com a defesa e participa na sinalização de elicitores. Por isso, causa resistência contra uma raça virulenta das doenças do míldio bacteriano e da explosão do arroz.

Estudos genéticos levaram a isolar mutantes que mostraram uma resposta semelhante à HR na ausência de agentes patogénicos. Estes mutantes são designados por mímicos de lesões (LM) e o seu fenótipo pode ocorrer em resposta a vários estímulos que incluem alterações da luz ou da temperatura ou o ataque de agentes patogénicos (Campbell e Ronald, 2005; Yin *et al.*, 2000). Campbell e Ronald (2005) identificaram três linhas mutantes, ebr1, ebr2 e ebr3 (resistência melhorada ao míldio), que apresentaram uma resistência melhorada à doença do míldio. O mutante ebr3 apresentou um fenótipo de LM devido à inoculação com *M. grisea* e a alterações nas condições ambientais.

b. Avaliação da resistência à doença da bakanae

A Bakanae ou doença das plântulas tolas causada por *Fusarium moniliforme* é uma importante doença fúngica do arroz. Normalmente causa uma perda de rendimento de 10~20% e a perda pode ser superior a 70% aquando do surto da doença (Ou, 1985). Existe uma vasta gama de variações e de resistência varietal à bakanae nas condições de campo egípcias. As cultivares Sakha101 e Giza177 foram consideradas as cultivares mais susceptíveis (El-Refaee *et al.*, 2011).

A reação de 11 mutantes de arroz e dos seus progenitores à doença da bakanae na fase de plântula sob infeção artificial utilizando dois isolados de bakanae em estufa no M_4 é apresentada no Quadro (16). Os dados indicam que a cultivar Sk104 e 4 mutantes (SK120, SK130, SK4152 e SK4154) foram altamente resistentes a ambos os isolados de bakanae sob inoculação artificial em estufa. Enquanto os mutantes SK115, SK4153, SK4202 e SK4203 apresentaram resistência apenas ao isolado 10.

Tabela 16. Reação de 11 mutantes de arroz e dos seus progenitores à doença da bakanae sob infeção artificial em estufa nas gerações M_4 .

Genótipo	Infeção %		Altura da planta			Alongamento %	
	Isolar 10	isolado 22	isolar 10	isolado 22	Planta saudável	Isolar 10	isolado 22
Gizé 177	30	60	16	15	11	45.5	36.4
Sakha 101	60	80	17	18	10	70.0	80.0
SK115	0	40	11	14	11	0.0	27.3
SK120	1	2	14	11	9	55.6	22.2
SK130	1	0	11	10	9	22.2	11.1

SK125	60	80	14	18	12	16.7	50.0
Sakha 104	1	1	13	12	12	8.3	0.0
SK4203	1	30	17	25	15	13.3	66.7
SK4201	40	80	14	17	11	27.3	54.5
SK4152	0	1	11	13	10	10.0	30.0
SK4151	40	80	16	18	11	45.5	63.6
SK4154	2	2	11	12	11	0.0	9.1
SK4153	1	70	12	18	11	9.1	63.6
SK4202	1	80	11	18	11	0.0	63.6

Em contraste, a cultivar Sk101 foi a cultivar mais suscetível e deu a percentagem de infeção mais elevada (80%) e a percentagem de alongamento (80%) com o isolado 22. Além disso, a cultivar Gz177 e 3 mutantes (SK4151, SK4201 e o mutante perfumado SK125) foram susceptíveis a todos os isolados testados, embora estes mutantes susceptíveis não tenham apresentado quaisquer sintomas da doença da bakanae em condições de campo permanentes. Estes resultados estão de acordo com o trabalho efectuado por El-Refaee *et al.* (2011); Satyavir e Singh (1998). Hammoud e Gabr (2014) verificaram que a cultivar Sakha 101 apresentou a percentagem e a severidade mais elevadas de infeção por bakanae (76,08 e 18,66 %, respetivamente), seguida da GZ7769 e da Sakha 104 (65,74, 15,33 % e 47,57, 13,15 %, respetivamente) em condições de infeção natural. Por outro lado, a Sakha 101 foi a que apresentou a infeção mais elevada em condições de inoculação artificial (89,33 %), enquanto a Sakha 104 apresentou a infeção mais baixa.

A Bakanae é uma doença transmitida tanto pelas sementes como pelo solo. Quando as sementes de arroz são infectadas, as plantas infectadas tornam-se amarelas pálidas e exibem clorose e alongamento anormal, fraca maturação dos grãos, tais como panículas vazias, podridão do caule e do pé (Hwang *et al.,* 2013). *F. moniliforme* produz a hormona ácido giberélico (GA) que se acumula dentro e à volta das raízes do arroz durante o reconhecimento do hospedeiro, a morfogénese pré-penetração e o crescimento do agente patogénico nas plantas. No entanto, concentrações elevadas desta hormona causam um alongamento anormal dos entrenós do caule através da hipertrofia das células nas partes do arroz. Em casos extremos, as plantas infectadas tombam e morrem porque já não são suficientemente robustas para suportar o seu próprio peso (Hwang *et al.,* 2013). Sugere-se que a introdução de genes que inibem a produção de GA pode ser uma forma de controlar esta doença em vez de introduzir muitos genes para diferentes raças do agente patogénico, ou utilizar os fungicidas que são hostis ao ambiente e prejudiciais para a saúde (Naeem *et al.*, 2016).

Estudos sobre o rastreio da resistência varietal revelaram que as cultivares basmati ou perfumadas são mais susceptíveis à doença da bakanae do que as cultivares de arroz sem perfume (Satyavir e Singh, 1998). Os genótipos de arroz portadores de genes de nanismo, como o *sd1*, não só eram sensíveis ao GA3 como também susceptíveis à doença da bakanae do arroz. Por outro lado, todos os genótipos portadores dos genes *d29, sd6* ou *sdq(t)* mostraram resistência à bakanae (Ma *et al.*,2008).

Em resumo, os resultados mostraram que nove mutantes resistentes foram obtidos a partir de progenitores susceptíveis (Sk101, Sk104) através do melhoramento por mutação; quatro mutantes (SK120, SK130, SK4152 e SK4154) foram altamente resistentes às doenças da explosão e da bakanae nas fases de plântula e adulta em condições de infeção natural e inoculação artificial, enquanto cinco mutantes (SK115, SK125, SK4153, SK4202 e SK4203) foram resistentes à doença da explosão e susceptíveis à doença da bakanae. Estes resultados indicaram a possibilidade de libertação de um ou mais destes mutantes para substituir os seus progenitores como novas variedades, bem como para serem utilizados como dadores para as caraterísticas melhoradas.

3. Análise genética molecular

Os marcadores moleculares são ferramentas poderosas na avaliação da variação genética e na elucidação das relações genéticas dentro e entre espécies (Chakravarthi e Naravaneni, 2006). Entre estes marcadores moleculares, as repetições de sequências simples (SSR) são úteis para várias aplicações em genética e melhoramento de plantas devido à sua reprodutibilidade, natureza multialélica, herança codominante, abundância relativa e boa cobertura do genoma do arroz (Kumar *et al.*, 2013).

a. Análise de marcadores de microssatélites

Vinte e dois marcadores SSR e 3 marcadores específicos utilizados para detetar o polimorfismo e a relação genética entre 11 mutantes de arroz e os seus progenitores, e o número de alelos para cada locus SSR são apresentados no quadro (17). Os dados revelaram que todos os marcadores produziram um total de 72 alelos (bandas amplificadas) com 13 marcadores únicos. Por outro lado, o número de alelos por locus variou de um (RM230, RM279, RM332 e RM512) a cinco (RM44 e k2167) com uma média de 2,88 alelos por locus.

Tabela 17. Lista de marcadores específicos e marcadores SSR ligados a genes de resistência e utilizados no estudo.

Primário SSR	Chr.	Gene de resistência	Marcador único	N.º de alelos	Tamanho do produto (bp)
RM 9	1	*Bakanae*	1	4	136-211
RM 151	1	*Pi27(t)*	0	3	59-67
RM 1216	1	*Pi35(t)*	0	2	86-90
t256**	1	*Fosso*	1	4	328-373
RM 208	2	*Pib, Porco(t)*	1	4	179-230
RM 211	2		2	4	154-173
RM 279	2		0	1	184
RM 251	3		2	4	113-277
RM 527	6	*Piz-5, Pi40(t)*	1	3	205-244
RM 541	6	*Pi9*	0	4	156-173
z4794*	6	*Piz, Piz-t*	0	3	142-219
RM 30	6		2	3	258-287
RM 587	6		0	2	167-174
RM 11	7		1	2	123-167
RM 44	8	*Pi11, Pi33*	1	5	112-138
RM 230	8		0	1	280
RM 144	11	*Pik-h, Pik-s*	0	2	187-225
RM 206	11	*Pik-h, Pi38*	0	3	185-226
k2167*	11	*Pik, Pik-m*	0	5	324-617
RM 224	11	*Pik-h, Pik-s*	1	2	129-140
RM 332	11		0	1	150
RM 155	12	*Pita-2*	0	2	135-275
RM 247	12	*Pita*	0	4	136-163
RM 512	12	*Pi12*	0	1	188
RM 1337	12	*Pi19, Pi20*	0	3	173-202
Total			**13**	**72**	

*: Marcadores InDel; **: Marcador SNP

b. Relação genética entre 11 mutantes de arroz e os seus progenitores utilizando marcadores SSR.

A semelhança genética entre 11 mutantes de arroz e os seus progenitores, utilizando 22 marcadores SSR e 3 marcadores específicos, é apresentada no quadro (18).

Tabela 18. Matrizes de similaridade entre 14 genótipos de arroz utilizando 25 marcadores.

Genótipo	Gz177	Sk101	SK115	SK120	SK130	SK125	Sk104	SK4203	SK4201	SK4152	SK4151	SK4154	SK4153
Sk101	0.50												
SK115	0.59	0.58											
SK120	0.44	0.37	0.23										
SK130	0.35	0.36	0.31	0.71									
SK125	0.31	0.27	0.21	0.56	0.58								
Sk104	0.38	0.22	0.46	0.13	0.27	0.18							
SK4203	0.39	0.30	0.31	0.23	0.39	0.26	0.59						
SK4201	0.18	0.11	0.22	0.25	0.37	0.23	0.73	0.62					
SK4152	0.11	0.15	0.21	0.23	0.39	0.26	0.59	0.50	0.71				
SK4151	0.18	0.05	0.22	0.13	0.26	0.17	0.63	0.40	0.71	0.58			
SK4154	0.20	0.23	0.28	0.10	0.18	0.19	0.46	0.39	0.41	0.46	0.53		
SK4153	0.24	0.27	0.32	0.25	0.30	0.23	0.37	0.26	0.36	0.42	0.44	0.60	
SK4202	0.37	0.43	0.34	0.32	0.37	0.25	0.22	0.28	0.30	0.28	0.21	0.41	0.55

Os dados revelaram que o maior grau de similaridade foi observado entre Sk104 e SK4201 (0,73), enquanto o menor nível de similaridade foi encontrado entre Sk101 e SK4151 (0,05). É importante notar aqui que SK4201 é um mutante derivado da cultivar Sk104 (parental), portanto, este mutante apresentou o maior coeficiente de similaridade, indicando que pertencem a um fundo genético similar. Por outro lado, o mutante SK4151 apresentou a menor semelhança com a cultivar Sk101, porque foi obtido da cultivar Sk104 (parental), que diferia da cultivar Sk101 a nível de ADN. Resultados semelhantes foram registados por Chakravarthi e Naravaneni (2006), que concluíram que Sambamashuri (Dwarf) é uma linha mutante da variedade Sambamashuri (Tall) que apresentou a percentagem de semelhança mais elevada (94%), indicando que pertencem a uma base genética semelhante. Já a Moroborekan é uma variedade do tipo japonica que apresenta a menor percentagem de semelhança (12%) com a variedade do tipo indica Thellahamsa. Pelo contrário, El-Malky *et al.* (2007) estudaram as relações genéticas entre 7 cultivares de arroz egípcio, bem como a variedade dos EUA, utilizando 14 marcadores SSR, tendo verificado que as cultivares Sakha 101 e Sakha 104 apresentavam uma elevada semelhança entre si, enquanto a cultivar Giza 177 era diferente.

As relações genéticas entre 11 mutantes de arroz e seus pais foram construídas usando a análise de agrupamento UPGMA que foi usada para construir um dendrograma baseado em 25 marcadores (Fig. 5).

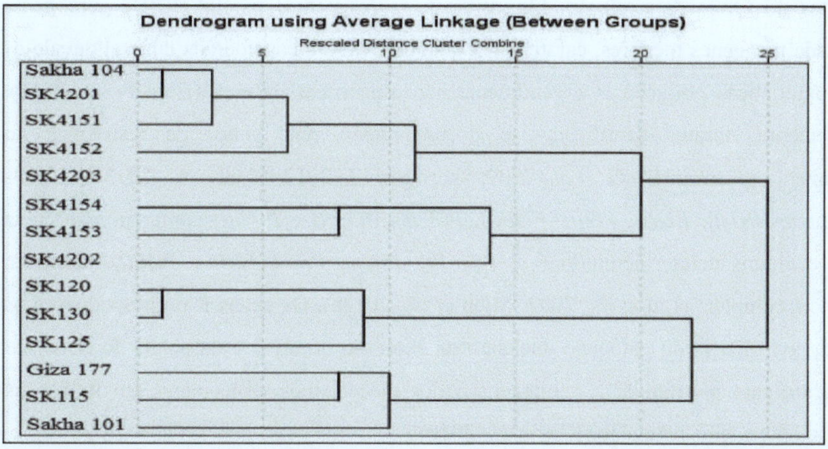

Fig. 5. Dendrograma resultante da análise de agrupamento UPGMA de 11 mutantes de arroz e seus parentais usando 25 primers SSR.

O dendrograma separou todos os 14 genótipos de arroz em dois grupos principais distintos. O primeiro agrupamento principal incluiu 7 mutantes (SK4151, SK4152, SK4153, SK4154, SK4201, SK4202 e SK4203) e a sua cultivar-mãe (Sakha 104). Este agrupamento principal dividiu-se em dois subagrupamentos; o primeiro incluiu os genótipos Sakha 104, SK4151, SK4201 (semelhantes na suscetibilidade à doença do rabanete), bem como 2 mutantes resistentes (SK4152 e SK4203), enquanto o segundo subagrupamento incluiu 3 mutantes resistentes ao rabanete SK4153, SK4154 (segregados da mesma planta M_2) e SK4202. O segundo grupo principal incluía a cultivar Giza 177, bem como a cultivar Sakha 101 e os seus mutantes (SK115, SK120, SK125 e SK130), e estava dividido em dois subgrupos; o primeiro incluía os mutantes SK120 e SK130 (semelhantes em termos de elevada resistência ao míldio e às doenças de bakanae e de caraterísticas morfológicas) e o mutante SK125. Enquanto que o segundo sub-cluster continha as cultivares Giza 177, Sakha 101 e o mutante SK115, embora este mutante fosse mais alto do que ambas as cultivares e resistente à doença da explosão como a cultivar Giza 177.

c. Marcadores SSR para a resistência ao míldio

A resistência à explosão no arroz é classificada em completa e parcial ou resistência de campo. A resistência completa (CR) é controlada por um gene principal, caraterística qualitativa, específica da raça, e é limitada ao longo da vida devido ao desenvolvimento de novas raças virulentas do fungo da explosão. Em contraste, a resistência parcial (RP) é geralmente controlada por genes menores, caraterística quantitativa, e é considerada durável devido às suas caraterísticas poligénicas e geralmente não específicas da raça (Horo *et al.*, 2016). Recentemente, foram identificados e documentados cem genes de resistência ao rebentamento do arroz (Koide *et al.*, 2009; Sharma *et al.*, 2012; Miah *et al.*, 2013a). Alguns destes genes *Pi1(t), Pi2(t), Pi9(t), Pi20(t), Pi27(t), Pi39(t)* e *Pi40(t)* conferem resistência parcial e alguns deles, incluindo *Pia, Pib, Pii, Pik-m, Pit, Pi12(t)* e *Pi19(t)*, conferem resistência completa (Liu *et al.*, 2002; Miah *et al.*, 2013a). Os genes R do hospedeiro e os genes de avirulência do patógeno do fungo da explosão do arroz e da planta do arroz são necessários para aprofundar a compreensão dos mecanismos moleculares envolvidos na interação hospedeiro-patógeno (Kim *et al.*, 2010).

No presente estudo, foram utilizados vinte e um marcadores SSR e 3 marcadores específicos para analisar o estado dos genes de resistência ao rebentamento em 11 mutantes e nos seus progenitores. Dezasseis marcadores de 24 marcadores estavam ligados aos genes de resistência *Pib, Pik, Pik-m, Pik-h, Pik-s, Pit, Pita, Pita-2, Piz, Pi9, Pi27(t), Pi35(t0* e *Pi40(t)*, como no quadro (17). Todos os marcadores produziram um total de 68 alelos, incluindo 12 marcadores positivos únicos, como indicado no quadro (19).

Tabela 19. Marcadores positivos únicos relacionados com a resistência ao míldio para 14 genótipos de arroz utilizando 24 marcadores.

Genótipo	Tamanho do marcador único positivo (pb)	Total
Gizé 177	RM 527 (205)	1
Sakha 101	-	0
SK115	RM 30 (269)	1
SK120	-	0
SK125	RM 211 (154)	1
SK130	-	0
Sakha 104	-	0
SK4151	RM 11 (167)	1
SK4152	RM 211 (173), t256 (373)	2
SK4153	RM 251 (277), RM 44 (125)	2

SK4154	RM 251 (145)	1
SK4201	-	0
SK4202	RM 30 (287), RM 224 (129)	2
SK4203	RM 208 (230)	1
Total		12

Os resultados mostraram que cada um dos primers RM30, RM211 e RM251 produziu dois marcadores únicos positivos, enquanto cada um dos primers RM11, RM44, RM208, RM224, RM527 e t256 produziu um marcador único positivo. Por outro lado, a cultivar Gz177 (controlo resistente) distinguiu-se por uma banda única positiva (205 pb) com o marcador RM527 que está ligado ao gene de resistência ao rebentamento *Pi40(t)* que confere um amplo espetro de resistência ao rebentamento no arroz (Jeung *et al.,* 2007). O mutante suscetível SK4151 e os mutantes resistentes SK115, SK125, SK4154 e SK4203 foram discriminados por uma banda única positiva com os primers RM11 (167 pb), RM30 (269 pb), RM211 (154 pb), RM251 (145 pb) e RM208 (230 pb), respetivamente. Além disso, cada um dos mutantes resistentes SK4152, SK4153 e SK4202 apresentou duas bandas únicas positivas.

Os resultados do rastreio genotípico de 14 genótipos de arroz quanto à presença ou ausência de 16 genes de resistência ao míldio ligados a marcadores SSR são apresentados no quadro (20) e o padrão de eletroforese de cada marcador SSR ligado ao gene de resistência ao míldio é apresentado na Fig. 6.

Quadro 20. Seleção genotípica de 14 genótipos de arroz para genes de resistência ao míldio ligados a marcadores SSR.

Marcador	Gene de resistência	Gz177	Sk101	SK115	SK120	SK130	SK125	Sk104	SK4203	SK4201	SK4152	SK4151	SK4154	SK4153	SK4202	Gene Freq.
RM44	***Pi33***	1	1	1	1	1	1	1	1	1	1	1	1	1	1	100
RM144	***Pik-h, Pik-s***	1	1	1	1	1	1	1	1	1	1	0	1	1	1	92.9
RM151	***Pi27(t)***	1	1	1	0	1	1	1	1	1	1	1	1	1	1	92.9
RM155	***Pita-2***	1	0	1	0	0	0	1	1	1	0	1	1	1	1	64.3
RM206	***Pik-h***	1	1	0	1	1	0	0	1	1	1	0	1	1	1	71.4
RM208	***Pib***	1	1	1	1	1	1	1	1	1	1	1	1	1	1	100
RM247	***Pita***	0	1	1	0	1	1	1	1	1	1	1	1	1	1	85.7
RM512	***Pi12***	1	0	1	1	1	1	1	1	1	1	1	1	1	0	85.7
RM527	***Pi40(t)***	1	1	0	1	1	1	1	1	1	1	1	1	1	1	92.9

RM541	***Pi9***	1	1	1	1	1	1	1	1	0	1	0	1	1	1	85.7
RM1216	***Pi35(t)***	1	1	1	1	1	1	1	1	1	1	1	0	1	0	85.7
RM1337	***Pi20(t)***	0	1	0	0	1	0	1	1	1	1	1	1	1	1	71.4
k2167	***Pik, Pik-m***	1	1	0	1	1	1	1	1	1	1	1	1	1	1	92.9
t256	***Fosso***	1	1	1	1	1	1	1	1	1	1	0	1	1	1	92.9
z4794	***Piz, Piz-t***	0	1	1	0	1	1	1	1	1	1	1	1	1	1	92.9
RM 224	***Pik-h, Pik-s***	0	0	0	0	0	0	1	0	0	0	0	1	1	1	28.6
Total de genes R		**12**	**13**	**11**	**10**	**14**	**12**	**15**	**15**	**14**	**14**	**11**	**15**	**16**	**14**	

O gene de resistência ao míldio do arroz foi classificado como a presença (1) e a ausência (0) de banda ligada ao alelo de marcadores SSR específicos.

Os dados revelaram que as frequências genéticas dos 16 principais genes de resistência ao míldio do arroz variaram entre 100% e 28,6%. Os genes R *Pib* e *Pi33*, ligados aos marcadores SSR RM208 e RM44, respetivamente, foram distribuídos em todos os genótipos. Por outro lado, cada um dos genes R *Pit, Piz, Pik, Pi27(t)* e *Pi40(t)* apresentou 92,9% de frequência genética em todos os genótipos. O gene *Pik- h/Pik-s*, ligado ao marcador RM224, apresentou a frequência genética mais baixa (28,6%) em todos os genótipos. Resultados semelhantes foram relatados por Kim *et al* (2010), que relataram a frequência genética dos seis principais genes de resistência à explosão do arroz, *Piz, Piz-t, Pik, Pik-m, Pik-p* e *Pit,* variando de 30% a 99% em 84 genótipos de arroz. Imam *et al* (2014) relataram que a frequência genética de *Pi-z, Piz-t, Pi-k, Pik-p, Pik-h, Pi-ta/Pi-ta2, pi-ta, Pi-9* e *Pi-b* variou de 6% a 97% em acessos de arroz, e Singh *et al* (2015) publicaram que as frequências genéticas de *Piz-5, Pi-9, Pi-tp(t), Pi-1, Pi5(t), Pi-33, Pi-b, Pi-27(t), Pik-h* e *Pi-ta* em 192 genótipos de arroz variaram de 19.79% a 54,69%.

Neste estudo, a cultivar Gz177, altamente resistente à doença da explosão, possui dois genes *Pita-2* e *Pi12*, enquanto a Sakha 101, altamente suscetível, não possui estes genes, bem como todos os mutantes resistentes da Sakha 101 não possuem *Pita-2*, exceto o mutante Sk115, pelo que a resistência destes mutantes pode ser atribuída ao gene *Pi12*.

No presente estudo, os resultados das Tabelas (15) e (20) indicam que nove mutantes resistentes possuem uma combinação de genes de resistência parcial (*Pi40(t), Pi20(t), Pi35(t)*) e genes de resistência completa (*Pib, Pik, Pik-h, Pita, Pit, Piz*) que conferem resistência durável a todas as raças de raças de raças de raças testadas. In contrast, the cultivar Sk101 not possess genes *Pita-2* and *Pik-h*, linked with RM155 and RM224, respectively, that confers resistance to blast races IB-45, IB-54, IG-1, and IH-1 (Fjellstrom *et al.*, 2004; 2006), therefore it was highly susceptible to the most of the blast races under artificial infection conditions. Da mesma forma, a cultivar Sk104 não possui o gene *pik-h* apenas ligado ao marcador RM206, pelo que foi suscetível às raças IB-45 e IG-1. Os mutantes SK4151 e SK4201 não possuem os genes *Pik-s, Pik-h* e *Pi9* ligados aos marcadores RM144, RM224 e RM541, pelo que estes mutantes mostraram uma elevada suscetibilidade à maioria das raças de raças explosivas testadas. Estes resultados estão de acordo com as descobertas de Fjellstrom *et al.* (2004); (2006) que relataram que cada um dos genes *Pik-h* e *Pita-2* confere resistência às raças de explosão IB-45, IB-54, IG-1 e IH-1; o gene *Piz* confere resistência às raças de explosão IC-17, IG-1 e IH-1, enquanto o gene *Pik-s* confere resistência apenas à raça IB-54. Li *et al.* (2008b) referiram que o gene *Pi20(t)* confere um espetro de resistência mais alargado contra diversos patótipos (raças) de blastos na China, com base em experiências de inoculação que utilizaram 160 isolados de blastos chineses. De acordo com os resultados do rastreio genotípico, os genes *Pik-h, Pita-2* e *Pi9* parecem desempenhar um papel significativo na resistência à maioria das raças testadas da doença do míldio. Do mesmo modo, Imam *et al.* (2014) referiram que os genes (*Pi9, Pita-2, Piz-t*) eram mais eficazes do que outros para impedir a infeção.

Neste estudo, a genotipagem dos genes de resistência ao rebentamento do arroz sugere que os marcadores de ADN disponíveis ligados aos principais genes de resistência ao rebentamento são uma ferramenta válida para o rastreio, identificação e confirmação destes genes específicos entre as cultivares de arroz (RoyChowdhury *et al*, 2012; Singh *et al*, 2015; Liang *et al*, 2017). Como resultado, estes mutantes podem ser utilizados como fontes de genes de resistência em programas de melhoramento, e existe uma boa possibilidade de obter uma maior resistência através da piramidação de genes por seleção assistida por marcadores.

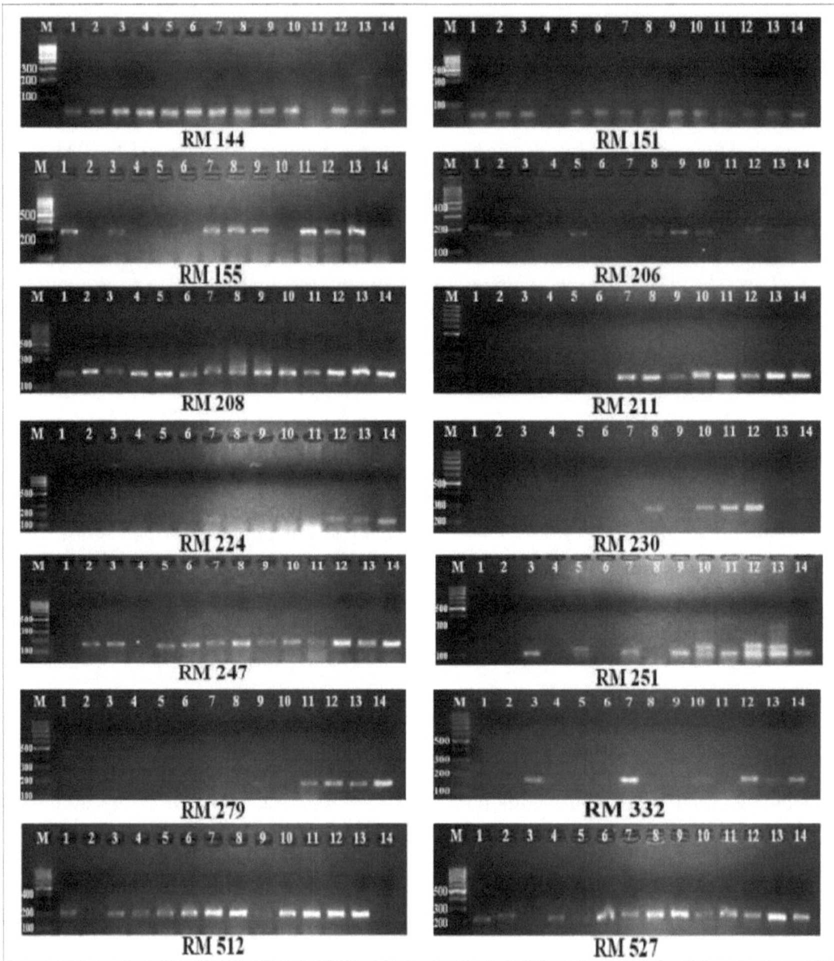

Fig. 6. Perfil de microssatélites de 11 mutantes de arroz obtidos *por* irradiação gama e dos seus progenitores, utilizando 21 SSR e 3 marcadores específicos. M: Marcador de ADN (100 pb); Faixa 1: Giza 177 (controlo de resistência); 2: Sakha101 (parental 1); 3-6: mutantes Sakha 101 (SK115, SK120, SK130 e SK125); 7: Sakha 104 (parental 2); 8-14: mutantes Sakha 104 (SK4203, SK4201, SK4152, SK 4151, SK4154, SK4153 e SK4202).

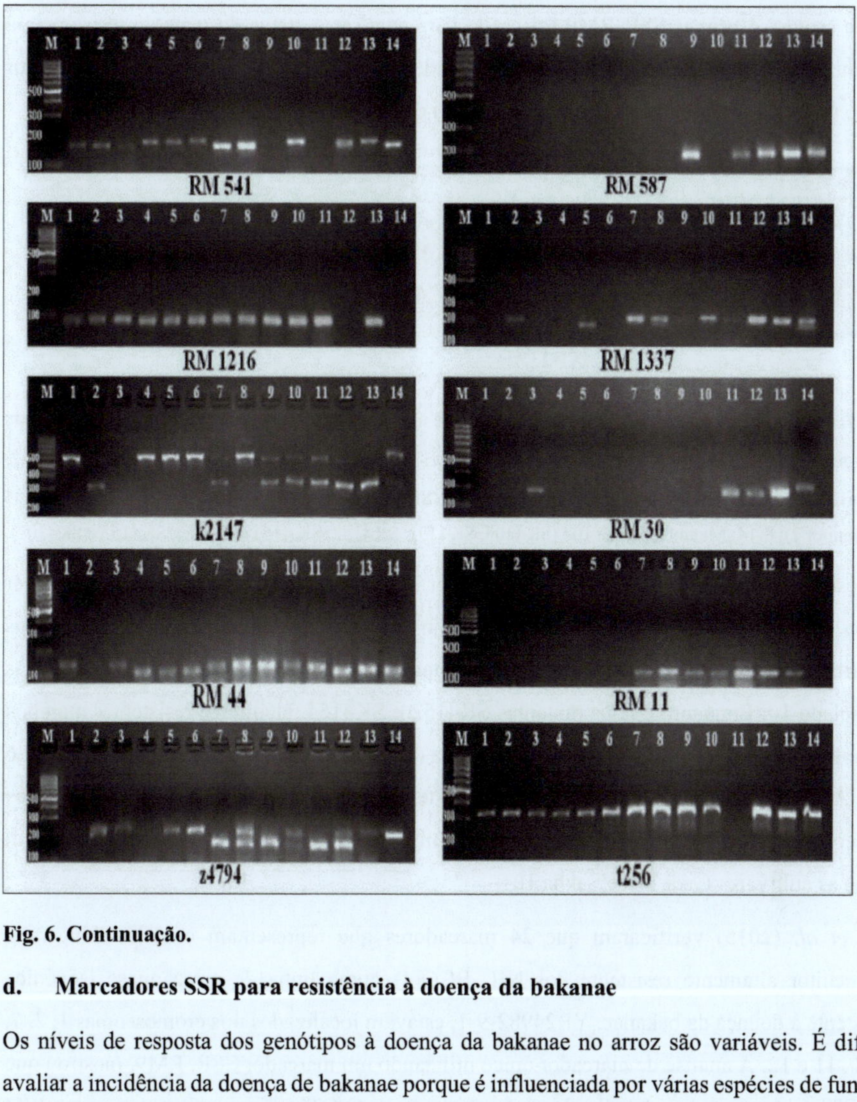

Fig. 6. Continuação.

d. Marcadores SSR para resistência à doença da bakanae

Os níveis de resposta dos genótipos à doença da bakanae no arroz são variáveis. É difícil avaliar a incidência da doença de bakanae porque é influenciada por várias espécies de fungos e factores ambientais, mas até agora tem havido um trabalho limitado para identificar genes que regem a resistência a esta doença (Fiyaz *et al.*, 2016; Hwang *et al.*, 2013). A identificação de *qBK1* e do marcador SSR estreitamente ligado, RM9, pode ser útil para melhorar a resistência do arroz à doença de bakanae no melhoramento assistido por marcadores (Hur *et al.*, 2015).

Neste estudo, o primer SSR RM9 foi usado para analisar o status do gene de resistência à bakanae em 11 mutantes e seus pais. Este marcador SSR produziu 4 alelos com um marcador único positivo, como se pode ver na Tabela (17) e na Fig. (7).

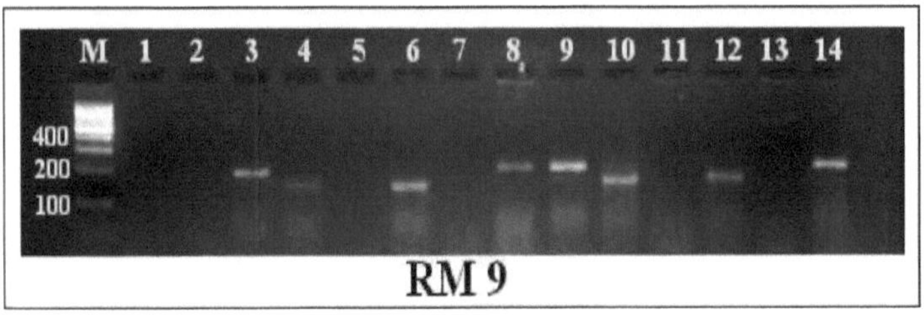

Fig. 7. Perfil de microssatélites de 11 mutantes de arroz obtidos *por* irradiação gama e dos seus progenitores, utilizando o iniciador SSR RM9. M: Marcador de ADN (100 pb); Faixa 1: Giza 177; 2: Sakha101 (Progenitor 1); 3-6: Mutantes Sakha 101 (SK115, SK120, SK130 e SK125); 7: Sakha 104 (Progenitor 2); 8-14: Mutantes Sakha 104 (SK4203, SK4201, SK4152, SK 4151, SK4154, SK4153 e SK4202).

Os resultados da análise SSR utilizando o primer RM9 foram ilustrados na Fig. (7). O primer gerou fragmentos de DNA com tamanho médio variando de 136 a 211 pb. Os resultados mostraram uma única banda positiva para o mutante SK115 (180 pb) que é resistente apenas ao isolado 10. Enquanto que os mutantes SK4152 e SK4154, altamente resistentes a ambos os isolados, foram discriminados por uma banda (161 pb), bem como o mutante SK120 (136 pb). Além disso, cada um dos genótipos resistentes Sakha 104 e SK130, e os genótipos susceptíveis SK4151 e SK4153 não produziram qualquer banda com este marcador, bem como as cultivares Giza 177 e Sakha 101.

Hur *et al.* (2015) verificaram que 24 marcadores que representam o alelo Shingwang (progenitor altamente resistente dos NIL BC6F4) numa linha de arroz quase isogénica resistente à doença da bakanae, YR24982-9-1, estavam localizados nos cromossomas 1, 2, 7, 8, 10, 11 e 12. A análise de marcador único utilizando um marcador SSR, RM9, mostrou que um QTL importante está localizado no cromossoma 1. O QTL principal que designou *qBK1* foi mapeado numa região de 520 kb entre RM8144 e RM 11295. A identificação do *qBK1* e do marcador SSR estreitamente ligado, RM9, pode ser útil para melhorar a resistência do arroz à doença da bakanae no melhoramento assistido por marcadores.

Fiyaz *et al.* (2016) identificaram três QTLs *qBK1.1, qBK1.2* e *qBK1.3* no braço curto do cromossoma 1. O QTL maior, *qBK1.2*, é um forte candidato que pode ser usado para a introgressão assistida por marcadores da resistência à bakanae. Enquanto os dois QTLs menores, *qBK1.1* e *qBK1.3,* podem ser usados para aumentar a resistência enquanto se desenvolvem novas variedades com resistência a esta doença.

RESUMO

O arroz (*Oryza sativa* L.) é uma das culturas cerealíferas mais importantes, constituindo uma fonte de hidratos de carbono para mais de metade da população mundial. As doenças do arroz são um dos principais factores limitantes da produção de arroz em todo o mundo. No Egito, as doenças da explosão (*Magnaporthe grisea*) e da bakanae (*Fusarium moniliforme*) são uma das principais doenças do arroz que causam anualmente perdas de rendimento económicas. Por conseguinte, o principal objetivo deste estudo foi melhorar o arroz no que respeita à resistência às doenças do míldio e da bakanae, bem como à produção e caraterísticas relacionadas com a produção, utilizando raios gama e técnicas moleculares.

Os objectivos deste estudo são os seguintes:

4. Estimar os parâmetros genéticos do rendimento e das caraterísticas relacionadas com o rendimento em M_2 e M_3 bulks derivados de três cultivares de arroz irradiadas (Giza 177, Sakha 101 e Sakha 104) com diferentes doses de raios gama.

5. Avaliar os genótipos selecionados que possuem caraterísticas úteis (*por exemplo,* alto rendimento, maturidade precoce) quanto à resistência ao míldio e às doenças da bakanae em condições de infeção natural e artificial.

6. Caracterizar os mutantes selecionados a nível molecular utilizando a técnica SSR.

Este estudo foi realizado na Unidade de Biotecnologia, Departamento de Investigação Vegetal, Centro de Investigação Nuclear (NRC), Autoridade Egípcia para a Energia Atómica (EAEA), Inshas, Egito, durante 2012-2015. As experiências de campo e a avaliação da resistência a doenças foram realizadas no Centro de Investigação e Formação em Arroz (RRTC), Centro de Investigação Agrícola (ARC), Gemmiza, Egito.

7. Experiências no terreno

a. Geração M1 2012

Os grãos secos de três cultivares locais de arroz, Giza177, Sakha101 e Sakha104, foram irradiados com diferentes doses de raios gama (150, 200, 250 e 300 Gy). Os grãos irradiados e não irradiados (controlo) de cada cultivar foram semeados imediatamente após a irradiação para obter plantas M_1 . Aquando da colheita, as panículas principais das plantas M_1 provenientes de cada tratamento foram retiradas e agrupadas. Os grãos de cada dose foram utilizados para obter a geração M2.

b. Geração M2 2013

Os grãos derivados das plantas M_1 de cada tratamento foram semeados para obter plantas M_2 . Na colheita, dez plantas individuais foram retiradas ao acaso de cada repetição para cada tratamento, para registar as seguintes caraterísticas: altura da planta (cm), comprimento da panícula (cm), número de perfilhos por planta, número de grãos cheios por panícula, peso de 100 grãos (g) e rendimento de grãos por planta (g). Foram selecionados trinta genótipos com base em caraterísticas de maturação precoce, elevado perfilhamento, elevado rendimento e caraterísticas morfológicas distintas.

c. M_3 geração 2014

Grãos derivados de plantas M_2 para cada tratamento e 30 genótipos selecionados foram semeados para obter plantas M3, e avaliados quanto à resistência à explosão e às doenças bakanae. Na colheita, dez plantas individuais foram retiradas ao acaso de cada repetição para cada tratamento e genótipo para medir e analisar estatisticamente as caraterísticas estudadas. Vinte e nove genótipos foram selecionados com base na resistência a doenças e em caraterísticas morfológicas e de rendimento distintas.

d. M_4 geração 2015

Os grãos derivados de 29 genótipos selecionados foram semeados para obter plantas M4 e avaliados quanto à resistência à explosão e às doenças de bakanae a nível do campo e da estufa. Finalmente, 11 mutantes (4 mutantes da Sk101; 7 mutantes da cultivar Sk104) foram selecionados para análise SSR com base na resistência a doenças, caraterísticas relacionadas com o rendimento e caraterísticas morfológicas distintas.

Os resultados dos efeitos dos raios gama nas caraterísticas estudadas nas gerações M2 e M3 podem ser resumidos da seguinte forma:

1. Análise de variância para as caraterísticas estudadas

a. Na geração M_2 , os resultados mostraram diferenças significativas entre as cultivares e a interação entre cultivares e tratamentos de radiação para todas as caraterísticas estudadas. Além disso, os tratamentos de radiação exerceram efeitos significativos apenas para os caracteres altura de planta, número de perfilhos por planta e rendimento de grãos por planta.

b. Na geração M3, os dados revelaram diferenças significativas entre as três cultivares para todas as caraterísticas estudadas, exceto a caraterística peso de 100 grãos. Além disso, os tratamentos de radiação e a interação entre cultivares e tratamentos de radiação exibiram diferenças altamente significativas para todas as caraterísticas, exceto a caraterística número de perfilhos por planta que mostrou efeito não significativo para a interação entre cultivares e tratamentos de radiação.

2. Parâmetros genéticos das caraterísticas estudadas

a. A maior magnitude da variância fenotípica e genotípica foi registada para o número de grãos cheios por panícula, e também a menor magnitude foi observada no peso de 100 grãos em ambas as gerações.

b. Os valores mais elevados do coeficiente de variação fenotípica (PCV) e do coeficiente de variação genotípica (GCV) foram registados para o rendimento de grãos por planta, seguidos do número de perfilhos por panícula em ambas as gerações.

c. Os valores de hereditariedade em sentido lato foram elevados para todas as caraterísticas estudadas em ambas as gerações, exceto o peso de 100 grãos que registou um valor moderado de hereditariedade em M_3, indicando o papel principal da ação genética aditiva na herança de todas as caraterísticas, exceto o peso de 100 grãos.

d. Os valores da hereditariedade e do avanço genético foram elevados para todas as caraterísticas estudadas em ambas as gerações, exceto para o peso de 100 grãos.

3. Desempenho médio das caraterísticas estudadas

a. Na geração M_2, os resultados mostraram que os tratamentos de 200 e 250 Gy na cultivar Sk104 proporcionaram as maiores médias de altura de planta (86,3 e 81,6 cm, respetivamente). Enquanto que, a menor média foi observada para os tratamentos de 300 e 200 Gy na cultivar Gz177 (63,9 e 64,0 cm, respetivamente). Por outro lado, a cultivar Sk101 produziu a maior média de altura de planta para o tratamento de 150 Gy (120,4 cm), seguida pelo controle da cultivar Sk104 (115,5 cm) na geração M_3, enquanto a menor média foi registrada para os tratamentos de controle nas cultivares Sk101 e Gz177 (96,3 e 97,1 cm, respetivamente).

b. O maior número de perfilhos por planta em M2 foi obtido com o tratamento de 300 Gy (21,4) para Sk101 seguido pelo tratamento de 200 Gy para a cultivar Sk104 (19,8), em contraste, a menor média foi encontrada para o tratamento de 300 Gy na cultivar Gz177 (10,5) seguida pelo controle da cultivar Sk101 (10,6). Enquanto que na geração M_3, a cultivar Sk104 produziu o maior número de perfilhos por planta para o tratamento de 300 Gy (32,0) seguido pelo tratamento controle (29,6), ao contrário, a cultivar Gz177 produziu a menor média para os tratamentos de 200 e 250 Gy (20,0 e 21,7, respetivamente).

c. A cultivar Sk101 obteve comprimento máximo de panícula em M2 para os tratamentos controle e 250 Gy (21,3 e 21,2 cm, respetivamente). Já a cultivar Gz177 apresentou comprimento mínimo de panícula para os tratamentos 300 Gy e controle (17,6 e 17,7 cm, respetivamente). Por outro lado, na geração M3, a cultivar Sk101 apresentou comprimento máximo de panícula para 250 (26,5 cm) seguido dos tratamentos com 150 Gy (26,1 cm). Em contrapartida, a cultivar Gz177 obteve comprimento mínimo de panícula para os tratamentos controle e 200 Gy (19,6 e 19,8 cm, respetivamente).

d. O peso máximo de 100 grãos (2,93 g) foi registado no tratamento 250 Gy da cultivar Sk101, seguido do tratamento 300 Gy na cultivar Sk104 (2,82 g) na geração M_2. Pelo contrário, o peso mínimo de 100 grãos foi encontrado na cultivar Gz177 para os tratamentos de controlo e 200 Gy (2,51 e 2,56 g, respetivamente). Enquanto que na geração M_3, o peso máximo de 100 grãos (2,91 g) foi registado na cultivar Sk104 para o tratamento 300 Gy, seguido do tratamento 200 Gy na cultivar Gz177 (2,88 g). Pelo contrário, o peso mínimo de 100 grãos da cultivar Sk104 foi registado no tratamento 250 Gy (2,34 g) seguido do tratamento 200 Gy na cultivar Sk101 (2,51 g).

e. Na geração M_2, a cultivar Sk104 produziu um número máximo de grãos cheios por panícula nos tratamentos de 300 e 250 Gy (96,3 e 95,7, respetivamente), enquanto que as cultivares Gz177 e Sk101 produziram uma média mínima no tratamento de 300 Gy (57,9 e 63,6, respetivamente). Enquanto na geração M_3, a cultivar Sk104 produziu um número máximo de grãos cheios por panícula a partir do tratamento de 250 Gy (194,3), seguida pela cultivar Gz177 a partir do tratamento de 150 Gy (169,1), ao passo que a cultivar Gz177 registou uma média mínima a partir dos tratamentos de 250 Gy e de controlo (110,3 e 115,3, respetivamente).

f. A maior média de produtividade de grãos por planta foi observada na cultivar Sk104 para as doses de 200 e 300 Gy (37,2 e 31,8 g, respetivamente) na geração M_2. Contrariamente, a menor média foi registada na cultivar Gz177 para os tratamentos de 200 Gy e controlo (8,5 e 9,1 g, respetivamente). Enquanto na geração M3, a maior média de produtividade de grãos por planta foi observada na cultivar Sk104 para os tratamentos de 300 Gy e testemunha (100,2 e 95,0 g, respetivamente), ao contrário, a menor média foi registrada na cultivar Gz177 para os tratamentos de 200 Gy e testemunha (54,5 e 55,6 g, respetivamente).

8. Avaliação da resistência a doenças

1. Avaliação da resistência ao míldio

Onze mutantes selecionados e os seus progenitores foram avaliados nas gerações M3 e M4 quanto à sua resistência à doença da explosão sob infeção natural na fase de plântula em viveiro de explosão e na fase adulta em campo permanente; e sob infeção artificial na fase de plântula em estufa, utilizando 10 raças de explosão do arroz (IB-19, IB-45, IB-54, IB-63, IC-5, IC-15, ID-13, ID-15, IG-1 e IH-1) em Gemmiza durante dois anos.

2. Avaliação da resistência à doença da bakanae

Os mutantes selecionados e os seus progenitores foram artificialmente inoculados com isolados agressivos (10 e 22) da doença da bakanae na fase de plântula em estufa.

Os resultados da avaliação da resistência às doenças podem ser resumidos da seguinte forma:

3. A cultivar Gz177 (controlo resistente) foi resistente à doença da explosão sob infeção natural em viveiro de explosão e em condições de campo permanente; e sob inoculação artificial com 10 raças de explosão em estufa em ambas as gerações.

4. Todos os mutantes selecionados (SK115, SK120, SK125 e SK130) da cultivar Sk101 foram resistentes à doença da explosão nas fases de plântula e adulta em condições naturais e de infeção, embora o progenitor Sk101 tenha mostrado uma elevada suscetibilidade à doença da explosão em todas as fases e em todas as condições em ambas as gerações.

5. Todos os mutantes selecionados (SK4152, SK4153, SK4154, SK4202 e SK4203) da cultivar Sk104 foram resistentes ao míldio em todas as fases de crescimento e em todas as condições de infeção em ambas as gerações, exceto os mutantes SK4151 e SK4201 que foram susceptíveis à maioria das raças de míldio em condições artificiais. Além disso, a cultivar Sk104 foi suscetível à doença da explosão na fase adulta no campo permanente em condições naturais. Além disso, só foi suscetível na fase de plântula às raças IB-45, ID-15 e IG-1 sob infeção artificial em estufa.

6. A cultivar Sk101 foi a cultivar mais suscetível à doença da bakanae e apresentou a maior

percentagem de infeção (80%) e de alongamento (80%) com o isolado 22.

7. A cultivar Gz177 e 3 mutantes (SK4151, SK4201e SK125) mostraram alta suscetibilidade a 10 e 22 isolados da doença da bakanae. No entanto, estes mutantes não apresentaram quaisquer sintomas da doença da bakanae em condições de campo permanentes.

8. A cultivar Sk104 e 4 mutantes (SK120, SK130, SK4152 e SK4154) mostraram alta resistência contra ambos os isolados de bakanae sob inoculação artificial em estufa. Já os mutantes (SK115, SK4153, SK4202 e SK4203) apresentaram resistência apenas ao isolado 10.

9. Análise genética molecular

Vinte e dois primers SSR e 3 primers específicos foram utilizados para detetar o polimorfismo e a relação genética entre 11 mutantes de arroz e os seus progenitores. **Os resultados podem ser resumidos da seguinte forma:**

a. Todos os iniciadores produziram 72 alelos (bandas) com 13 marcadores únicos. Por outro lado, o número de alelos por locus variou de um (RM230, RM279, RM332 e RM512) a cinco (RM44 e k2167) com uma média de 2,9 alelos por locus.

b. A maior porcentagem de similaridade genética (73%) foi observada entre o mutante SK4201 e a cultivar Sk104 (parental), enquanto o menor nível de similaridade (5%) foi encontrado entre a cultivar Sk101 e o mutante SK4151.

c. O dendrograma separou 11 mutantes e seus parentais em dois grupos principais distintos. O primeiro agrupamento principal incluiu 7 mutantes (SK4151, SK4152, SK4153, SK4154, SK4201, SK4202 e SK4203) e a sua cultivar-mãe Sakha 104. Por outro lado, o segundo grupo principal incluiu a cultivar Giza 177, bem como a cultivar Sakha 101 e os seus mutantes (SK115, SK120, SK125 e SK130).

d. Cada um dos primers RM30, RM211 e RM251 produziu dois marcadores únicos positivos, enquanto cada um dos primers RM11, RM44, RM208, RM224, RM527 e t256 produziu um marcador único positivo.

e. A cultivar Gz177 distinguiu-se por uma banda única positiva com o marcador RM527 que está ligado ao gene de resistência ao rebentamento *Pi40(t)* que confere um amplo espetro de resistência ao rebentamento no arroz.

f. O mutante SK4151 suscetível à explosão e os mutantes resistentes SK115, SK125,

SK4154 e SK4203 foram discriminados por uma banda única positiva com os iniciadores RM11, RM30, RM211, RM251 e RM208, respetivamente.

g. Os genes de resistência *Pib* e *Pi33*, ligados aos marcadores RM208 e RM44, respetivamente, estavam presentes em todos os genótipos, enquanto os restantes genes de resistência apresentaram um elevado nível de polimorfismo entre 11 mutantes e os seus progenitores.

h. O RM9, um marcador específico para a resistência a bakanae, apresentou uma única banda para o mutante SK115, resistente apenas ao isolado 10. Por outro lado, cada um dos mutantes SK4152, SK4154 e SK120 foi discriminado por uma banda que era altamente resistente a ambos os isolados 10 e 22 de bakanae.

REFERÊNCIAS

Abdul Haris; Abdullah; Bakhtiar; Subaedah; Aminah e Jusoff (2013). Arroz mutante de radiação de raios gama em anão envelhecido local. Investigação Científica do Médio Oriente, 15(8):1160-1164.

Ahloowalia, B.S.; Maluszynski, M. e Nichterlein, K. (2004). Global impact of mutation-derived varieties (Impacto global das variedades derivadas de mutação). Euphytica, 135(2):187-204.

Alfi, H.; Warman, B.; Suliansyah, I.; Swasti, E. e Sobrizal (2015). Melhoramento genético em landraces de West Sumatera para obter os mutantes de maturação precoce por mutações induzidas. Int. J. Adv. Sci. Eng. Tech., 5(5):275-279.

Ayaad, M.H. (2015). Avaliação Genética Molecular de Alguns Mutantes de Arroz Induzidos por Irradiação Gama. Tese de doutoramento, Fac. Agric., Ain Shams Univ., Egito, 110 pp.

Babaei, A; Nematzadeh, G.A; Avagyan, V. e Hashemi, H. (2010). Estudos de radiossensibilidade das caraterísticas morfo-fisiológicas em algumas variedades de arroz iraniano (*Oryza sativa* L.) na geração M1. Afr. J. Agric. Res., 5(16):2124-2130.

Babaei, A.; Nematzadeh, G.A. e Hashemi, H. (2011). Uma avaliação da diferenciação genética em mutantes de arroz utilizando marcadores semi-aleatórios e caraterísticas morfológicas. Aust. J. Crop Sci., 5(13):1715-1722.

Baloch, A.W.; Soomro, A.M.; Bughio, H.R.; Bughio, M.S.; Odhano, I.A.; Asad, M.A. e Abbasi, S.J. (2006). Reprodução de arroz (*Oryza sativa* L.) para obter um rendimento elevado de grãos através de mutagénese. Pak. J. Biotechnol, 3(1-2):11-16.

Bastiaans, L. (1993). Efeitos da explosão foliar na fotossíntese do arroz. 1. Fotossíntese da folha. Neth. J. Plant Pathol, 99:197-203.

Bonman, J.M. (1992). Durable resistance to rice blast disease - environmental influences (Resistência duradoura ao míldio do arroz - influências ambientais). Euphytica, 63:115-123.

Burton, G.W. (1952). Herança quantitativa em gramíneas. Proc. 6th Int. Congresso de Pastagens, 1:277-283.

Campbell, M.A. e Ronald, P.C. (2005). Caracterização de quatro mutantes de arroz com alterações na via de resposta de defesa. Mol. Plant Pathol, 6(1):11-21.

Chakravarthi, B.K. e Naravaneni, R. (2006). Marcador SSR baseado em impressão digital de DNA e estudo de diversidade em arroz (*Oryza sativa.* L). Afr. J. Biotechnol, 5(9):684-688.

Chongkid, B. (2013). Mutação induzida por raios gama de KDML105 para foto insensibilidade, idade de colheita curta e tolerância à seca. Am. Trans. Eng. Appl. Sci., 2(4):269-275.

Dellaporta, S.L.; Wood, J. e Hicks, J.B. (1983). A Plant DNA Minipreparation: Versão II. Plant Mol. Biol. Rep., 1:19-21.

El-Degwy, I.S. (2013). Variabilidade genética induzida por mutação em arroz (*Oryza sativa* L.). Intl. J. Agri. Crop Sci., 5(23):2789-2794.

El-Malky, M.M.; Fahmi, A.I. e Kotb, A.A. (2007). Deteção da diversidade genética utilizando microssatélites no arroz (*Oryza sativa* L.). Afr. Crop Sci. Conf. Proc., 8:597-603.

El-Refaee, Y. Z.; Sedeek, S. E.; El-Shafey, R. A. e Zayed, B. A. (2011). Diversidade genética associada a caraterísticas agronómicas e stresses bióticos utilizando marcadores SSR em alguns genótipos de arroz egípcio. J. Plant Prod., Mansoura Univ., 2(1):109-126.

FAO (2014). Organização das Nações Unidas para a Alimentação e a Agricultura. Base de dados FAOSTAT, citada em http://www.fao.org/faostat/en/#data/QC.

Fiyaz, R.A.; Yadav, A.K.; Krishnan, S.G.; Ellur, R.K.; Bashya, B.M.; Grover, N.; Bhowmick, P.K.; Nagarajan, M.; Vinod, K.K.; Singh, N.K.; Prabhu, K.V. e Singh, A.K. (2016). Mapeamento de loci de caraterísticas quantitativas responsáveis pela resistência à doença de Bakanae em arroz. Arroz, 9:45.

Fjellstrom, R.; McClung e Shank, A.R. (2006). Os marcadores SSR estreitamente ligados ao locus *Pi-z* são úteis para a seleção da resistência à explosão numa vasta gama de germoplasma de arroz. Mol. Breed, 17:149-157.

Fjellstrom, R.; McClung, A.M.; Marchetti, M.A. e Shank, A.R. (2004). Desenvolvimento de marcadores de ADN adequados para a seleção assistida por marcadores de três genes *pi* que conferem resistência a múltiplos patótipos de *Pyricularia grisea.* Crop Sci., 44:1790-1798.

Fu, H.W.; Li, Y.F. e Shu, Q.Y. (2008). Uma revisão da indução de mutações por raios gama no arroz (*Oryza sativa* L.): implicações dos marcadores de microssatélites para o controlo de qualidade. Mol. Breeding, 22:281-288.

Gomez, K.A. e Gomez, A.A. (1984). Statistical Procedure for Agricultural Research. 2ª edição, John Wily and Sons Inc., Nova Iorque, EUA, 680 pp. Nova Iorque, EUA, 680 pp.

Hammoud, S.A. e Gabr, W.S. (2014). Comportamento de alguns genótipos de arroz afetados por algumas das principais doenças sob diferentes condições. J. Plant Prot. and Path, Mansoura Univ., 5(9):871-890.

Hammoud, S.A.; Gorge, R.N.; EL-Shafey, R.A. e Zayed, B.A. (2011). Avaliação de alguns caracteres quantitativos do arroz e resistência à explosão sob diferentes níveis de fertilizantes nitrogenados em algumas linhas promissoras. J. Agric. Res. Kafer El-Sheikh Univ., 37(3):418-450.

Harding, S.S.; Johnson, S.D.; Taylor, D.R.; Dixon, C.A. e Turay, M. Y. (2012). Efeito dos raios gama na germinação de sementes, altura das plântulas, percentagem de sobrevivência e produção de perfilhos em algumas variedades de arroz cultivadas na Serra Leoa. Am. J. Exp. Agric., 2(2):247-255.

Hayashi, N.; Inoue, H.; Kato, T.; Funao, T.; Shirota, M.; Shimizu, T.; Kanamori, H.; Yamane, H.; Saito, Y.H.; Matsumoto, T.; Yano, M.; e Takatsuji, H. (2010). O gene Pb1 de resistência duradoura à explosão da panícula codifica uma proteína CC-NBS-LRR atípica e foi gerado pela aquisição de um promotor através da duplicação do genoma local. Plant J., 64:498-510.

Horo, J.T.; Fujii, T.; Yamashita, Y.; McGoey, S. e Koizumi, S. (2016). Eficácia de três genes (*Pib, pi21* e *Pb1*) no controlo da explosão do arroz, conferindo resistência completa e parcial. JARQ, 50(3):209-217.

Hossain, S.; Haque, M.; Rahman, J. (2015). Variabilidade genética, correlação e análise do coeficiente de caminho de caraterísticas morfológicas em alguns arroz Aman local extinto (*Oryza sativa* L). J. Rice Res., 4(1):1-6.

Hur, Y.; Lee, S.B.; Kim, T.H.; Kwon, T.; Lee, J.; Shin, D.; Park, S.; Hwang, U.; Cho, J.H.; Yoon, Y.; Yeo, U., Song, Y.; Kwak, D.; Nam, M. e Park, D. (2015). Mapeamento de *qBK1*, um QTL importante para a resistência à doença de Bakanae no arroz. Mol. Breed, 35:78.

Hwang, S.; Kang, W.R.; Hwang, D.J.; Bae, S.C.; Yun, S.H. e Ahn, I.P. (2013). Avaliação da progressão da doença bakanae causada por *Fusarium fujikuroi* em *Oryza sativa* L. J. Microbiol., 51(6):858-865.

Idris, A.E. e Mohamed, K.A. (2013). Estimativa da variabilidade genética e correlação para componentes de rendimento de grãos em arroz (*Oryza sativa* L.). Glob. J. Plant Ecophysiol, 3(1):1- 6.

Imam, J.; Alam, S.; Mandal, N.P; Variar, M. e Shukla, P. (2014). Triagem molecular para identificação de genes de resistência à explosão no germoplasma de arroz do Nordeste e do Leste da Índia (*Oryza sativa* L.) com marcadores baseados em PCR. Euphytica, 196(2):199-211.

Instituto Internacional de Investigação do Arroz (IRRI) (1996). Standard Evaluation System for Rice. 4ª ed., IRRI, Manila, Filipinas, p. 17-19.

Iqbal, M.; Javed, N.; Sahi, S.T. e Cheema, N.M. (2011). Gestão genética da doença bakanae do arroz e avaliação de vários fungicidas contra *Fusarium moniliforme* in vitro. Pak. J. Phytopathol, 23(2):103-107.

Jeung, J.U.; Kim, B.R.; Cho, Y.C.; Han, S.S.; Moon, H.P.; Lee, Y.T. e Jena, K.K. (2007). Um novo gene, *Pi40(t)*, ligado aos marcadores de ADN derivados de motivos NBS-LRR confere um amplo espetro de resistência ao rebentamento no arroz. Theor. Appl. Genet., 115:11631177.

Johnson, H.W., Robinson, H.F., Comstock, R.E (1955) Estimates of genetic and environmental variability in Soybean. Agronomy J., 47:314-318.

Jones, J.D. e Dangl, J.L. (2006). O sistema imunitário das plantas. Nature, 444(16):323-329.

Kim, J.S; Ahn, S.N; Kim, C.K. e Shim, C.K. (2010). Rastreio de genes de resistência ao rebentamento do arroz a partir de germoplasmas de arroz aromático com marcadores SNP. Plant Pathol. J., 26(1):70- 79.

Koide, Y.; Kobayashi, N.; Xu, D. e Fukuta, Y. (2009). Genes de resistência e marcadores de DNA de seleção para a doença da explosão no arroz (*Oryza sativa* L.). JARQ, 43(4):255-280.

Kumar, G.S.; Kumari, K.A.; Rani, C.V.; Sundaram, R.M.; Vanisree, S.; Jamaloddin, M. e Swathi, G. (2013). Estudo do polimorfismo de repetição de sequência simples (SSR) para resistência ao estresse biótico na variedade de arroz de elite JGL 1798. Afr. J. Biotechnol, 12(40):5833-5838.

Kumar, V. e Bhagwat, S.G. (2012). Avaliação baseada em microssatélites (SSR) da diversidade genética entre os mutantes semi-anões da variedade de arroz de elite WL112. Int. J. Plant Breed. Genet., 6(4):195-205.

Li, W.; Lei, C.; Cheng, Z.; Jia, Y.; Huang, D.; Wang, J.; Wang, J.; Zhang, X.; Su, N.; Guo, X.; Zhai, H.; Wan, J. (2008b). Identificação de marcadores SSR para um gene de resistência à explosão de largo espetro *Pi20(t)* para melhoramento assistido por marcadores. Mol. Breed, 22:141-149.

Li, W.; Liu,Y.; Wang, J.; He, M.; Zhou, X.; Yang, C.; Yuan, C.; Wang, J.; Chern, M.; Yin, J.; Chen, W.; Ma, B.; Wang, Y.; Qin, P.; LI, S.; Ronald, P. e CHEN, X. (2016). A cultivar de arroz duradouramente resistente Digu ativa a expressão do gene de defesa antes da maturação completa do apressório de *Magnaporthe oryzae*. Mol. Plant Pathol, 17(3):354-368.

Li, Y.; Wu, C.; Xing, Y.; Chen, H. e He Y. (2008a). Análise dinâmica de QTL para resistência à explosão do arroz em condições de infeção natural. Aust. J. Crop Sci., 2(2):73-82.

Li, Y.; Wu, C.J; Jiang, G.H.; Wang, L.Q. e He, Y.Q. (2007). Análises dinâmicas da resistência à explosão do arroz para a avaliação dos efeitos genéticos e ambientais. Plant Breeding 126:541-547.

Liang, Y.; Yan, B.; Peng, Y.; Ji, Z.; Zeng, Y.; Wu, H. e Yang, C. (2017). Triagem molecular de genes de resistência à explosão em germoplasmas de arroz para *Magnaporthe oryzae*. Rice Sci., 24(1): 41-47.

Liu, G.; Lu, G.; Zeng, L. e Wang, G.L. (2002). Dois genes de resistência à explosão de largo espetro, *Pi9(t) e Pi2(t),* estão fisicamente ligados no cromossoma 6 do arroz. Mol. Genet. Genomics, 267:472-480.

Lynch, M. (1990). O índice de similaridade e a impressão digital do ADN. Mol. Biol. Evol., 7:478-484.

Ma, L.; Ji, Z.; Bao, J.; Zhu, X.; Li, X.; Zhuang, J.; Yang, C. e Xia, Y. (2008). Respostas de genótipos de arroz com diferentes genes de nanismo a *Fusarium moniliforme* e ácido giberélico. Plant Prod. Sci., 11(1):134-138.

Madamba, M.R.; Sugiyama, N.; Bordeos, A.; Mauleon R.; Satoh K.; Baraoidan, M.; Kikuchi, S.; Shimamoto, K. e Leung, H. (2009). A recessive mutation in rice conferring non-race-specific resistance to bacterial blight and blast. Rice, 2:104-114.

Miah, G.; Rafii, M.Y.; Ismail, M.R.; Puteh, A.B.; Rahim, H.A.; Asfaliza, R. e Latif, M. (2013a) Blast resistance in rice: a review of conventional breeding to molecular approaches. Mol. Biol. Rep., 40:2369-2388.

Miah, G.; Rafii, M.Y.; Ismail, M.R.; Puteh, A.B.; Rahim, H.A.; Nurul Islam, K. e Latif, M. (2013b). Uma revisão dos marcadores de microssatélites e suas aplicações em programas de melhoramento de arroz para melhorar a resistência à doença da explosão. Int. J. Mol. Sci., 14:22499-22528.

Moussa, H.R. (2011). A baixa dose de irradiação gama aumentou a tolerância à seca na soja. Bulg. J. Agric. Sci., 17 (1):63-72.

Naeem, M.; Ghouri, F.; Shahid, M.Q.; Iqbal, M.; Baloch, F.S.; Chen, L.; Allah, S.; Babar, M. e Rana, M. (2015). Diversidade genética em variedades de arroz mutadas e não mutadas. Genet. Mol. Res., 14(4): 17109-17123.

Naeem, M.; Iqbal, M.; Parveen, N.; Sami-Ul-Allh; Abbas, Q.; Abdul Rehman e Shauket, M. (2016). Uma visão geral da doença bakanae do arroz. Am-Euras. J. Agric. Environ. Sci., 16 (2):270-277.

Nei, M. (1973). Análise da diversidade genética numa população subdividida. Proc. Natl. Acad. Sci., USA, 70:3321-3323.

Okelola, F.S.; Adebisi, M.A.; Kehinde, O.B. e Ajala, M.O. (2007). Variabilidade genotípica e fenotípica para caraterísticas de vigor de sementes e rendimento de sementes no genótipo de arroz da África Ocidental (*Oryza sativa* L.). J. Am. Sci., 3(3):34-41.

Ono, E.; Wong, H.; Kawasaki, T.; Hasegawa, M.; Kodama O. e Shimamoto, K. (2001). Papel essencial da pequena GTPase Rac na resistência do arroz a doenças. PNAS, 98(2):759-764.

Ou, S.H. (1985). Rice Diseases. 2ª ed., Commonwealth Mycological Institute, Kew, Inglaterra, 380 pp.

Pinheiro, T.M.; de Araujo, L.G.; da Silva-Lobo, V.L.; Prabhu, A.S. e de Filippi, M.C. (2012). Marcador microssatélite de marcação para um gene de resistência à explosão na cultivar de arroz irrigado Cica-8. Crop Breed. Appl. Biotechnol., 12:164-170.

Raina, A.; Laskar, R.A.; Khursheed, S.; Amin, R.Y.; Tantray, R.; Parveen, K. e Khan, S. (2016). Papel da criação de mutações na melhoria das culturas - Passado, Presente e Futuro. Jornal de Investigação Asiático de Agricultura, 2(2):1-13.

Rashid, M.; Ren-hu, L.; Wei, J.; Yong-han, X.; Fu-lin, W.; Yue-zhi, T.; Jun-mei, W.; Cheema, A.; Jin-qing, C. e He, G. (2009). Diversidade genómica entre mutantes de arroz Basmati (*Oryza sativa* L) obtidos através de^{60} Co radiações gama utilizando marcadores AFLP. Afr.

J. Biotechnol, 8(24):6777-6783.

RoyChowdhury, M.; Jia, Y.; Jackson, A.; Jia, M.H.; Fjellstrom, R. e Cartwright, R. (2012). Análise do gene de resistência à explosão de arroz *Pi-z* usando ensaios de patogenicidade e marcadores de DNA. Euphytica, 184(1):35-46.

Rukmini, K.D.; Parimala, K.; Venkanna, V.; Lingaiah, N.; Hari, Y. e Chandra, B.S., (2016). Estimativa de variabilidade para rendimento de grãos e caraterísticas de qualidade em arroz (*Oryza sativa* L.). Int. J. Pure App. Biosci., 4(2):250-255.

Satyavir, S.S. e Singh, A. (1998). Seleção de genótipos de arroz para resistência à doença de bakanae. Indian Phytopath, 51(3):299-300.

Selvaraj, I.; Nagarajan, P.; Thiyagarajan, K; Bharathi, M. e Rabindran, R. (2011). Identificação de marcadores de microssatélites (SSR) e RAPD ligados ao gene de resistência à doença da explosão do arroz no arroz (*Oryza sativa* L.). Afr. J. Biotechnol, 10(17):3301-3321.

Sharma, T.R.; Rai, A.K.; Gupta, S.K.; Vijayan, J.; Devanna, B.N. e Ray, S. (2012). Gestão da explosão de arroz através da resistência da planta hospedeira: retrospeto e perspectivas. Agric. Res., 1(1):37-52.

Shehata, S.M.; Abd Allah, A.A. e Zayed, B.A. (2009). Desenvolvimento de linhas de arroz tolerantes ao sal através do melhoramento por mutação. J. Agric. Res. Kafrelsheikh Univ., 35(4):954-963.

Shehzad T., Abd Allah, A.A., Ammar M.H. e Abdelkhalik A.F. (2011). Avaliação agronómica e molecular de linhas mutantes induzidas de arroz (*oryza sativa* L.) no Egito. Pak. J. Bot., 43(2):1183-1194.

Shereen, A.; Ansari, R.; Mumtaz, S.; Bughio, H.R.; Mujtaba, S.M.; Shirazi, M.U. e Khan, M.A. (2009). Impacto das alterações induzidas pela irradiação gama no crescimento e nas respostas fisiológicas do arroz em condições salinas. Pak. J. Bot., 41(5):2487-2495.

Shu, Q.Y.; Forster, B.P. e Nakagawa, H. (2012). Princípios e aplicações do melhoramento por mutação de plantas. In: Melhoramento de mutação de plantas e biotecnologia. Eds. Shu, Q.Y.; Forster, B.P. e Nakagawa, H., Wallingford CABI, p. 301-325.

Singh, A.K.; Singh, P.K.; Arya, M.; Singh, N.K. e Singh, U.S. (2015). Triagem molecular de genes de resistência à explosão em arroz usando marcadores SSR. Plant Pathol. J., 31(1):12-

24.

Singh, R.K. e Chaudhary, B.D. (1985). Biometrical Methods in Quantitative Genetic Analysis (Métodos biométricos na análise genética quantitativa). Kalyani Publishers, Nova Deli, Índia, 56 pp.

Song, J.Y.; Lee, G.A.; Choi, Y.; Lee, S.; Lee, K.; Bae, C.; Jung, Y.; Hyun, D.; Park, H. e Lee, M. (2014). Distribuição de genes resistentes à explosão e reação de resistência à explosão em landraces coreanas de arroz (*Oryza sativa* L.). Korean J. Plant Res., 27(6):687-700.

Takahashi, A.; Hayashi, N.; Miyao, A. e Hirochika, H. (2010). Caraterísticas únicas do locus *Pish* de resistência à explosão do arroz reveladas pela marcação de retrotransposões em grande escala. BMC Plant Biology, 10:175.

Uddin, M.I.; Rashid, M.H.; Khan, N.; Perveen, M.F.; Tai, T.H. e Tanaka, K. (2007). Seleção de mutantes promissores de tolerância ao sal derivados da cultivar 'Drew' e da sua atividade de enzimas antioxidantes sob stress salino. SABRAO J. Breed. Genet., 39(2):89-98.

Utami, D.W.; Moeljopawiro, S.; Aswidinnoor, H.; Setiawan, A. e Hanarida, I. (2008). Genes de resistência a explosões no arroz selvagem *Oryza rufipogon* e na cultivar de arroz IR641. Indonesian J. Agric., 1(2):71-76.

Wu, J.L.; Fan, Y.Y.; Li, D. B.; Zheng, K.L.; Leung, H. e Zhuang, J.Y. (2005). Controlo genético da resistência ao míldio do arroz na cultivar Gumei 2, resistente a múltiplos isolados. Theor. Appl. Genet., 111:50-56.

Yin, Z.; Chen, J.; Zeng, L.; Goh, M.; Leung, H.; Khush, G. e Wang, G. (2000). Caracterização de mutantes que imitam a lesão do arroz e identificação de um mutante com resistência de largo espetro ao míldio do arroz e ao míldio bacteriano. Mol. PlantMicrobe Interact, 13(8):869-876.

Zhang, M.X.; Xu, J.L.; Luo, R.T.; Shi, D. e Li, Z.K. (2003). Análise genética e uso reprodutivo da resistência à explosão em um mutante de arroz japonica R917. Euphytica, 130:71-76.

MIX
Papier aus verantwortungsvollen Quellen
Paper from responsible sources
FSC® C105338

Printed by Books on Demand GmbH, Norderstedt / Germany